时尚串珠
手链编织

〔日〕阪本敬子 著　　陈 新 译

河南科学技术出版社
·郑州·

目录

Chapter

01

LADDER WORKED BRACELET

梯子形图案手链

迷人的梯子形图案，
能给普通的衣着增添一丝情趣和亮点。
戴上这款配饰，您的时尚感迅速提升。
编织技法简单，只需在皮革手链上把串珠编织成梯子形。
只要掌握了此编织方法，就可以尝试多种串珠混编，
或者选择自己喜欢的颜色进行编织。

Nº 01 BRACELET&PENDANT

梯子形手链和吊坠

同系列的串珠编织成梯子形。
纤细的纵向线条，非常时尚。
由相同色系、相同系列的串珠编织
而成的吊坠也非常漂亮。

how to make → 手链 P10（Lesson1）吊坠 P50

鲜艳的红色和绿色手链，别具一格。
串珠颜色丰富，可随心挑选彰显自己风格的颜色。

1　　2　　3

№ 02 BRACELET

豆状串珠手链

流行的颜色搭配，整齐排列的串珠，可爱无敌。
使用光滑圆润的豆状串珠，整齐地编织成梯子形。

how to make → P52

№ 03 BRACELET

细波纹造型手链

把大小迥异的串珠紧密地编织成梯子形，
宽幅的细波纹造型犹如轻轻泛起的涟漪。

how to make → P51

№ 04 BRACELET

施华洛世奇水晶珠手链

把三种颜色的施华洛世奇水晶珠，
依次按梯子形编在一起，光彩夺目。
一圈一圈缠绕的时候，交织相映，流光溢彩。

how to make → P54

№ 05 BRACELET&PIERCE

同色淡水珍珠手链和耳环

小巧可爱的淡水珍珠，搭配上黑色的皮绳，
洋溢着轻熟女气息。同系列珍珠耳环，同样高贵典雅。

how to make → P53

Lesson 1

梯子形编织

梯子形编织
是把串珠编成梯子形的技法。
改变串珠和其他材料，
可以延伸出无限的创意。

P04、05 梯子形手链

P04、05的梯子形手链，制作方法相同。在此以“绿色手链”的制作过程为例。制作此款其他颜色的手链时，可以参照配色花样。

〈材料〉

- 小圆珠A色、B色、C色、D色 各100颗
- E色 2mm的12面金属串珠（暗金色）75颗
- 直径15mm的珠母贝纽扣 1颗
- 直径1.2mm的圆皮绳 100cm
- 串珠专用线 350cm

※同系列小圆珠、皮绳、串珠专用线的颜色参照以下的配色花样

〈工具〉

- 串珠针

〈成品尺寸〉

全长约36cm
※可以根据喜好，自行调节长度。一般是能缠绕2圈的长度

串珠专用线
穿串珠的专用线，
尼龙含量100%

配色花样

☆A~E这5种颜色交替作为1个花样，重复25次。
☆E色全部是金属串珠（暗金色），每次穿3颗。

薄荷绿色

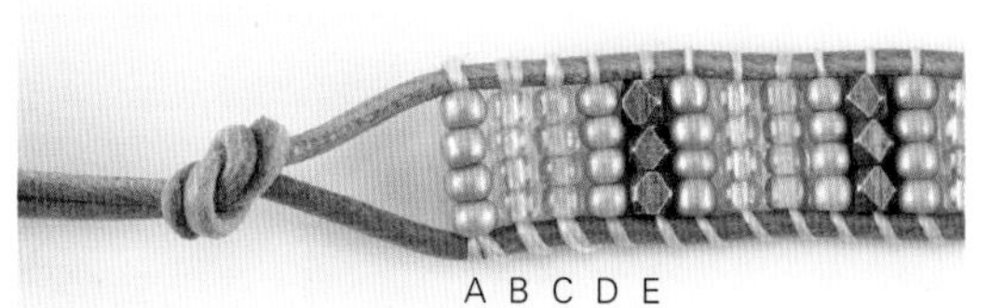

A→浅黄绿色　B→浅薄荷绿色
C→薄荷绿色　D→无光泽的薄荷绿色
皮绳→褐色　串珠专用线→白色

红色

A→暗红色　B→金属铜色
C→橘黄色　D→烟红色
皮绳→红色　串珠专用线→红色

白色

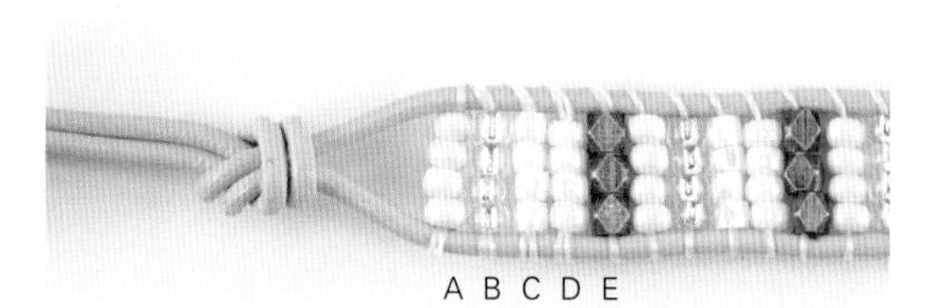

A→牛奶白色　B→银白色
C→白色　D→灰白色
皮绳→白色　串珠专用线→白色

绿色

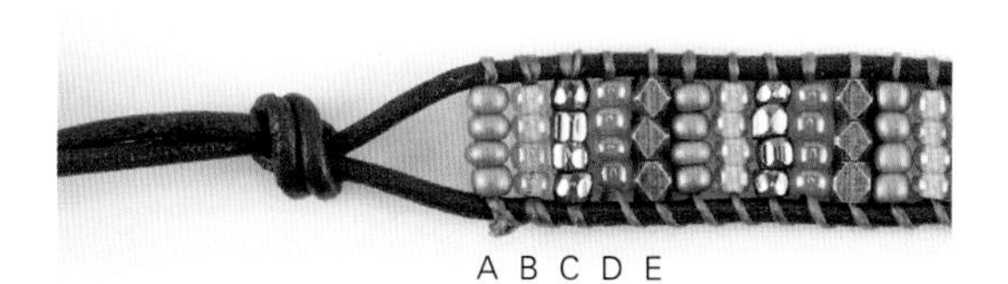

A→绿色　B→浅绿色
C→深祖母绿色　D→奶绿色
皮绳→深绿色　串珠专用线→绿色

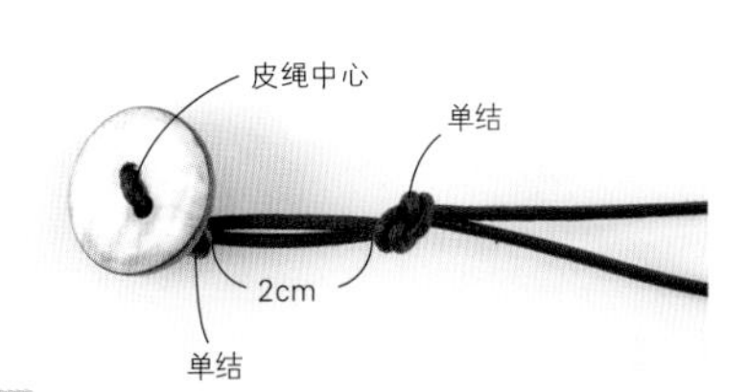

把珠母贝纽扣穿到皮绳的中心处，首先在珠母贝纽扣底端处打单结，然后距打结2cm处再次打个单结。

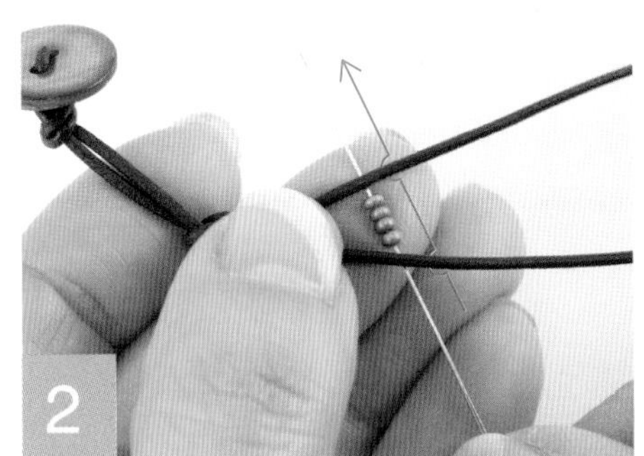

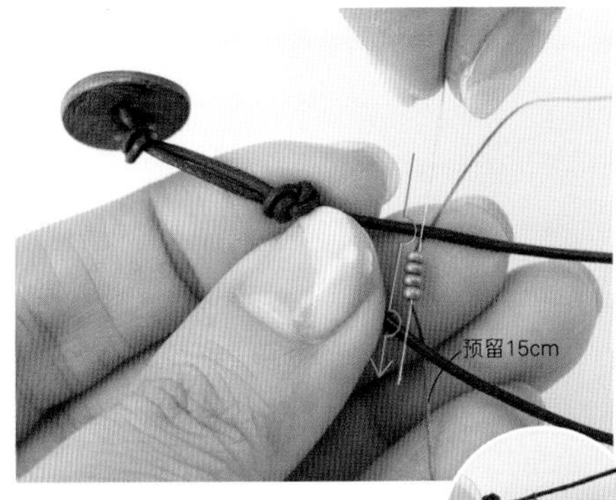

把串珠专用线穿进串珠针里，用单线进行梯子形编织。首先，穿4颗A色的串珠，把针从下往上拉，使串珠夹在皮绳中（此时，串珠专用线线头处预留15cm）。然后再次把针穿入同一串珠洞孔从上往下拉出。与刚才预留的15cm串珠专用线打结，固定。

Point

从下往上拉针时，针要在皮绳的下方穿行。回来时即从上往下拉针时，针要在皮绳的上方穿行。用串珠专用线穿珠时，要注意这些。

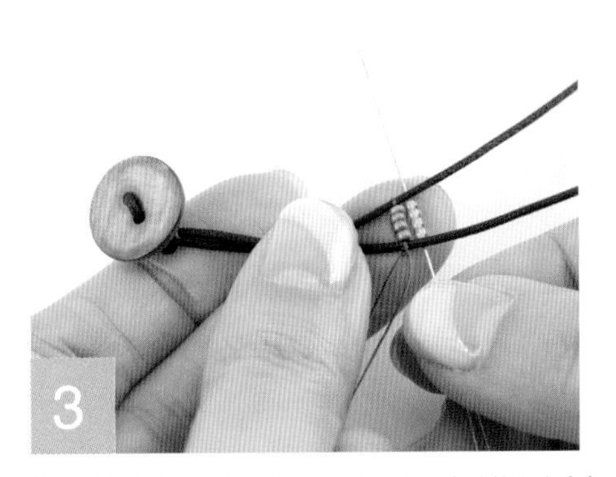

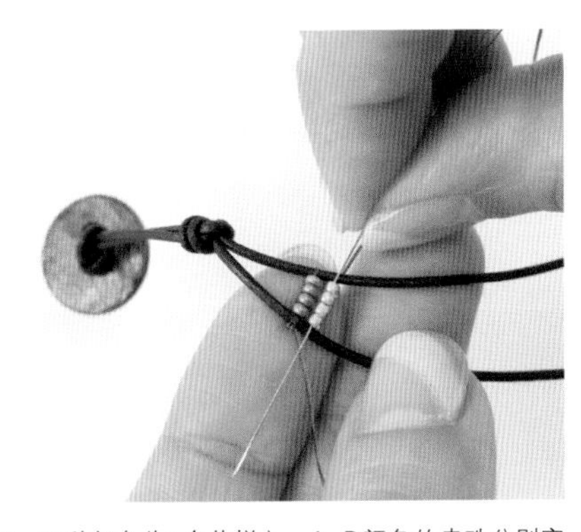

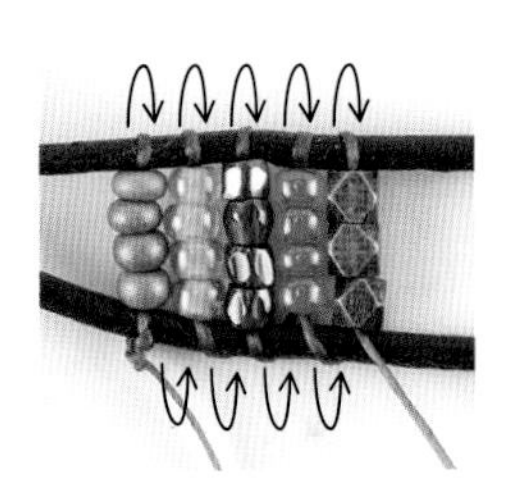

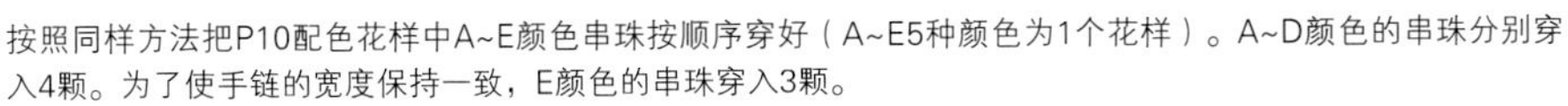

按照同样方法把P10配色花样中A~E颜色串珠按顺序穿好（A~E5种颜色为1个花样）。A~D颜色的串珠分别穿入4颗。为了使手链的宽度保持一致，E颜色的串珠穿入3颗。

1个花样的串珠穿好后的样子（重复25次这样的做法）。

Point

串珠的颜色非常丰富，所以制作时可以选择自己喜欢的颜色。但是，为了保持手链的宽度，要尽量挑选大小一致的串珠。

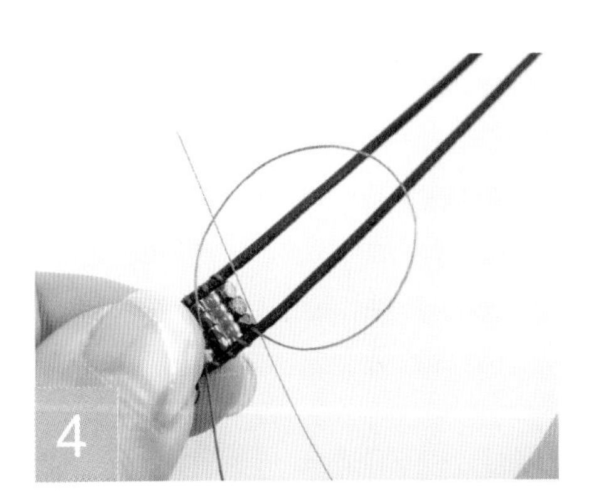

穿过最后一颗串珠后，把串珠专用线在皮绳上打3次结。（从皮绳的下方用针抄起串珠专用线，如图所示缠绕在针上，拔出针使串珠专用线打结在皮绳上。）打结后，剪去多余的线。

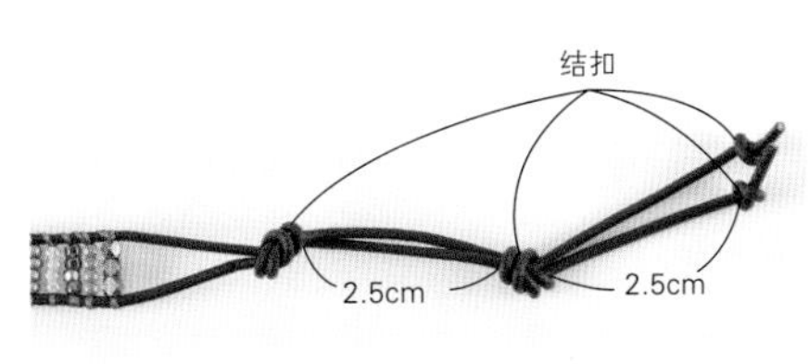

在皮绳尖端的4个位置各打1个单结，制作出扣纽扣的部分。

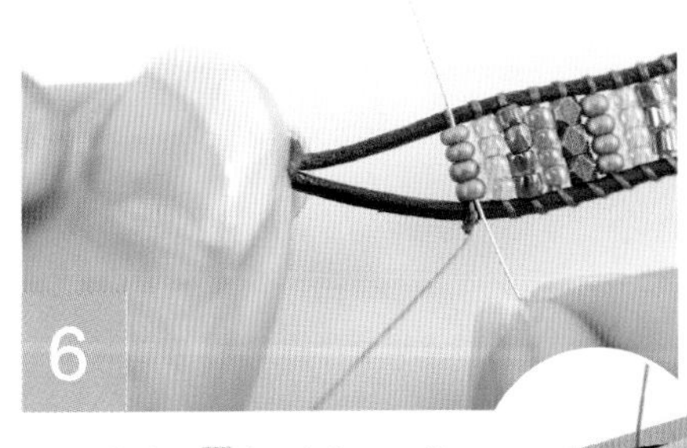

最后，把步骤 2 中预留的15cm的串珠专用线穿进针眼，并穿回到串珠中，剪去多余的线，制作完成。

Column 1 制作混搭风手链吧！

我们可以制作一条一条的单链手链，

也可把这些手链搭配在一起，创造出意想不到的魅力。

享受手链编织的乐趣。搭配当天的穿着、想象所要出席的场所……

放飞想象，把这些迷人的手链搭配在一起编织吧。 ※(　　　)内是作品详细介绍的页数

coordinat e_01

在一个清爽的日子

可以在神清气爽、心情明朗的时候，

佩戴此款纯白色混搭手链。

奢华纯白的链条上，

点缀着几颗绿色的天然石，

鲜明的色差，更迷人。（P10、04、07）

coordinat e_02

森林系、治愈系

随性的印染花样手链，

搭配上绿色系的缠绕手链，

休闲个性。

（P18、14、04）

coordinat e_03

今天买束花再回家吧

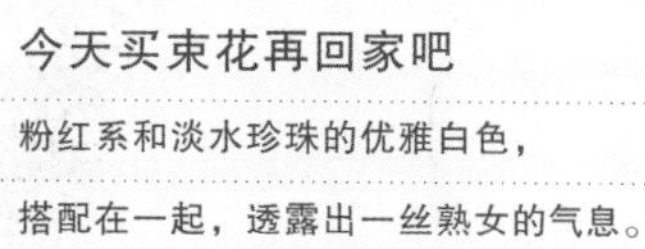

粉红系和淡水珍珠的优雅白色，

搭配在一起，透露出一丝熟女的气息。

优雅，迷人，戴上此款手链后，

让人不禁想去买来鲜花，与它搭配。

（P26、06、19）

coordinat e_04

眺望着大海

宽幅的细波纹造型手链，

搭配上艺术感十足的绕线手链，

宛如置身于蓝色的大海中，

大海气息十足。（P07、16、14）

coordinat e_05

小恶魔风十足

黑色的皮革手链和细绳手链，

再搭配上淡水珍珠手链，

单调的黑色中点缀上金黄色的串珠，

充满熟女气息。（P20、09、17）

coordinat e_06

宛如精品店里的……

造型感十足的皮革手链与手链，

添加上简单大方的线绳手链，

大牌时尚的混搭手链制作完成。

（P43、42、17）

Chapter

02

BRACELET OF THE CORD

线绳手链

本章介绍使用刺绣线、
皮绳、线绳等编制而成的手链的制作方法。
从流行的编织手链，到使用打结、
钩针编织技法的手链，应有尽有。
使用身边的材料，
一起来制作这些休闲、时尚的手链吧！

把绳编手链和皮绳天然石手链搭配在一起，
一条分量感十足的混搭风手链制作完成。

№ 06 BRACELET

绳编手链和混搭风手链

看似是佩戴了许多条手链，
其实只是一条。中间点缀的金属串珠，
再加上略显沉稳的颜色，时尚且有个性。

how to make → P21（Lesson2）

№ 07 BRACELET

绕线手链

以彩色线绳为基础，
缠绕上刺绣线和同系列的小串珠，
一条手工艺感十足的手链就制作完成了。
纤细的形状，魅力十足。

how to make → P55

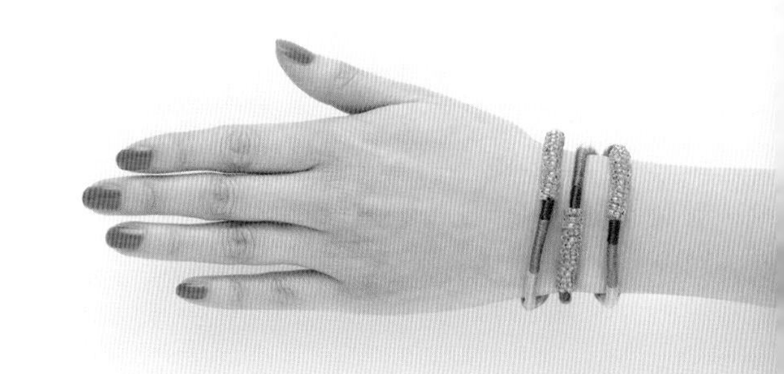

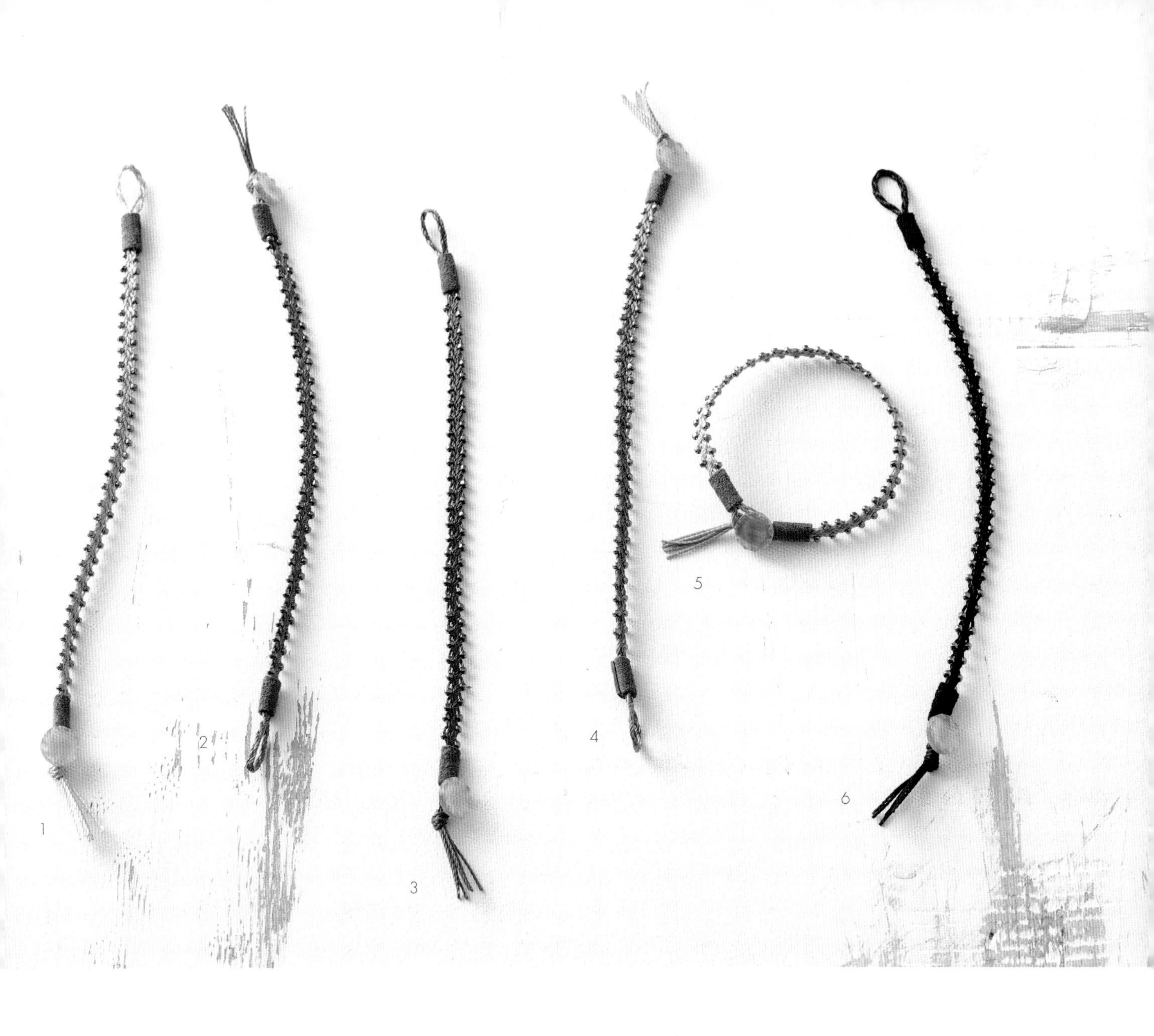

Nº 08 BRACELET

串珠手链

零星点缀的串珠闪耀在手腕上，十分可爱。
此款串珠手链制作简单，
只需要穿有串珠的串珠专用线进行三股辫编织即可。
在纤细感十足的手链的两端处，
点缀上时尚的皮革，与众不同。

how to make → P56

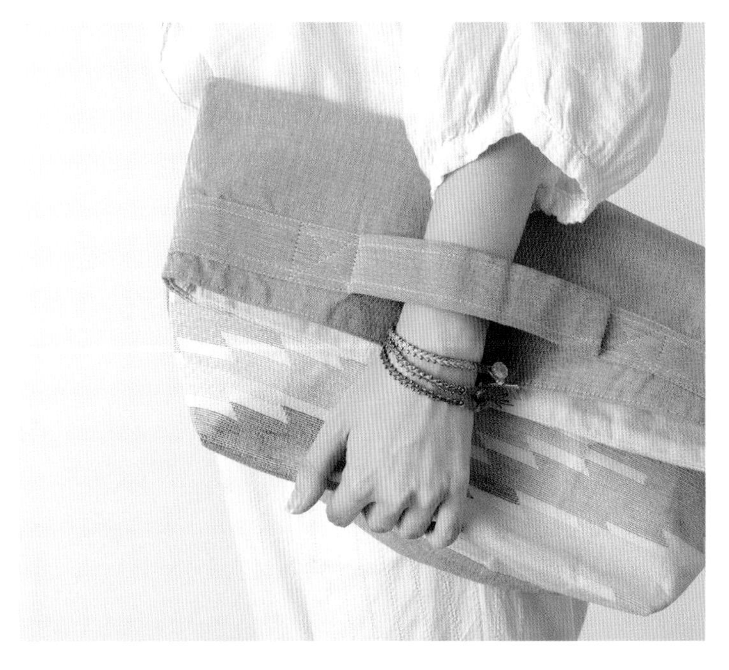

№ 09 BRACELET

利伯蒂印花布 + 刺绣线的双色手链

使用短针编织法把绳状的利伯蒂印花布和刺绣线编织在链条上，一条色彩绚丽的手链制作完成。

how to make → P57

№ 10 BRACELET

扭结的双手链

这是使用扭结编成的手链，
特点是在手背处分为了两根，
再编入圆形金属配件，
一条成熟大方的手链制作完成。

how to make → P24（Lesson3）

№ 11 BRACELET

皮绳手链

此款手链只需把圆形皮绳编四股辫即可，
款式简洁，男女都可佩戴。
皮绳无论是一种颜色
还是两种颜色，都会很漂亮。

how to make → P58

Lesson 2

P15 绳编手链和混搭风手链

3种颜色，制作方法相同。
在此以蓝色为例，展示制作过程。

斜卷结

以“芯线”为轴，把“缠绕线”编在“芯线”上，斜卷结就相应产生。先从中央往左右外侧进行编结，途中编入串珠，再从左右外侧向中间进行编结。

材料

【绳编手链】
- DMC25号刺绣线A色、B色、C色、D色 各150cm
- 3mm的12面金属串珠（暗金色）8颗

【混搭风手链】
- DMC25号刺绣线A色、B色、C色、D色 各150cm
- 3mm的圆切形天然石串珠（珊瑚或者鹅卵石、绿松石）各6颗
- 直径约为6mm的金属串珠（圆圈形）10颗
- 3mm的12面金属串珠（暗金色）33颗
- 3mm宽的绒面皮绳（棕色）80cm
- 20mm长的马口夹（暗金色）2个
- 0.8mm×4.5mm的圆环（暗金色）6个
- OT扣（暗金色） 1组
- 链条 约4cm（4个单圈长度）
- 干燥透明的黏合剂、缝纫线、宽5mm的缎带 适量

※刺绣线的颜色参照P22的表格

〈工具〉
- 串珠针
- 缝合针（串珠能穿进的细针）、平嘴钳 ※仅制作混搭风手链使用

〈成品尺寸〉
【绳编手链】全长约26cm
【混搭风手链】全长约19.5cm

混搭风手链的组合方法

薄荷绿色和橘红色

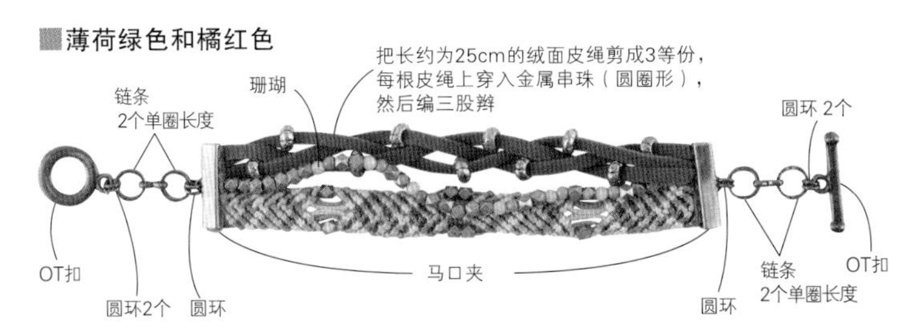

绿松石色和棕色

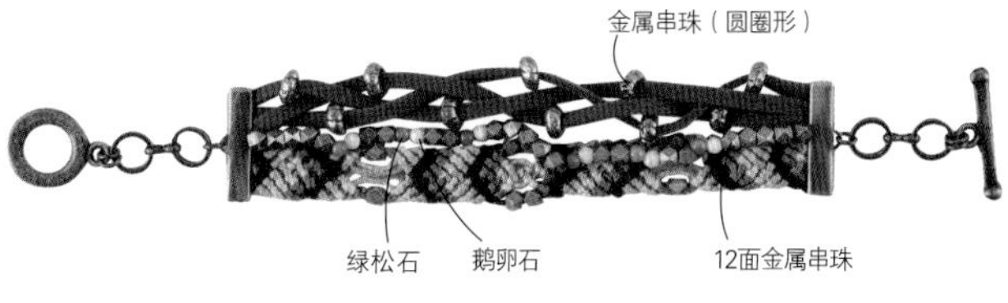

❶ 参照P22、23，进行编织，剪去两端。

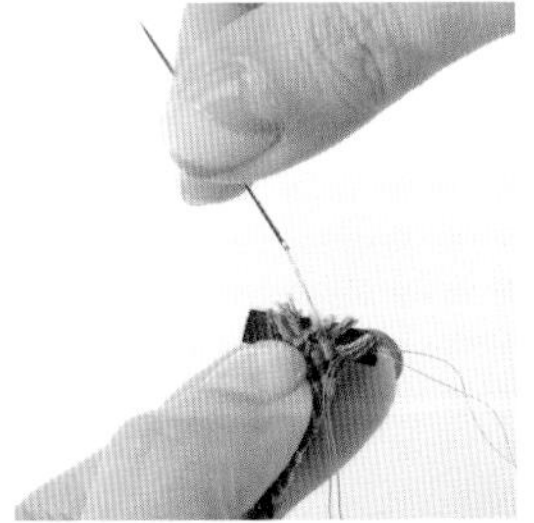

❷ 把绳编手链的编织线和混搭风手链的皮绳缝制在缎带上（两端都缝制）。

❸ 把缝纫线收针打结在缎带上，穿上串珠至另一端，收针打结固定。

❹ 在两端处涂抹黏合剂，并用马口夹夹着。

❺ 在串珠专用线卡口处分别安装上圆环→链条（2个单圈约2cm长）→圆环2个→OT扣。圆环的安装方法参照P65。

绳编手链的做法

编结图（放大版）

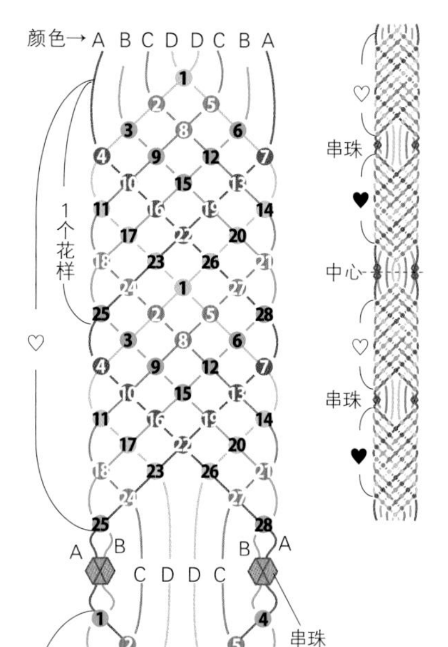

编结顺序图

按照左边的编结顺序图进行编织。详细的情况，参照编结图，按照打结的数量依次编织。

	A色	B色	C色	D色
绿色	卡其色 645	浅绿色 3053	黄色 3046	绿色 3815
粉色	木炭色 413	灰色 169	浅粉色 778	粉色 316
蓝色	灰色 169	黄色 834	灰白色 3866	蓝色 803
混搭风手链（薄荷绿色、橘红色）	棕色 3862	绿松石色 3849	浅橘红色 3778	薄荷绿色 3813
混搭风手链（绿松石、棕色）	深棕色 3371	棕色 3862	暖灰色 453	绿松石色 3849

※数字代表的是DMC刺绣线的色号

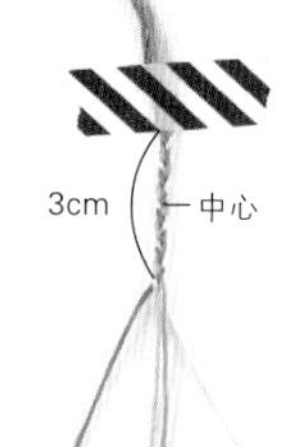

混搭风手链不需要编三股辫，只需要把4根刺绣线进行对折即可。

1 将4种颜色的4根刺绣线，在距中心处上端1.5cm处编三股辫（哪个颜色都可以，按照1根、2根、1根的顺序编），编大约3cm长，然后在中心对折，把对折后的8根线一起打结，制作线绳。

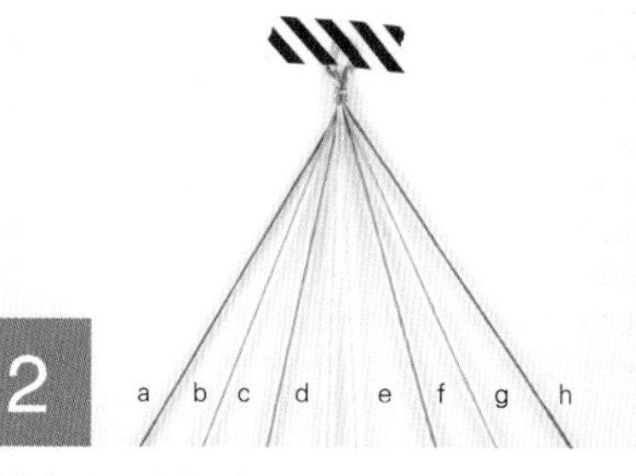

2 线绳部分用胶带固定。把线从左到右依次标记为a、b、c、d、e、f、g、h。

按照左边编结图的顺序编织

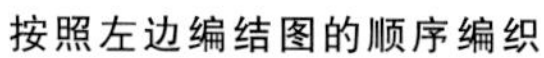

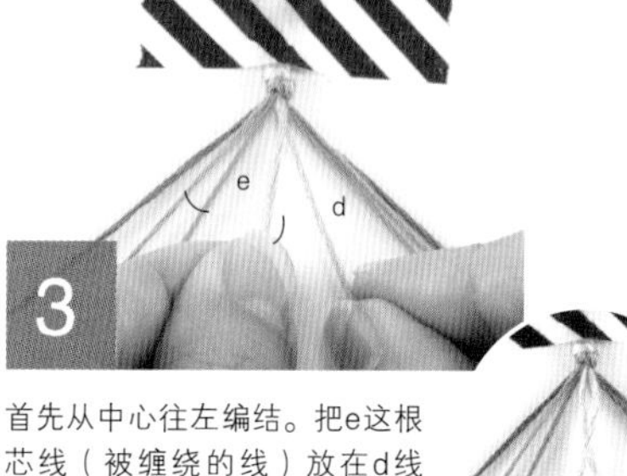

3 首先从中心往左编结。把e这根芯线（被缠绕的线）放在d线（缠绕线）上。为了使芯线放在缠绕线上，在往左编织时请用左手拿着中心线。

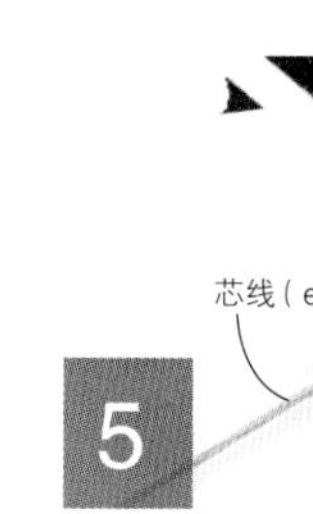

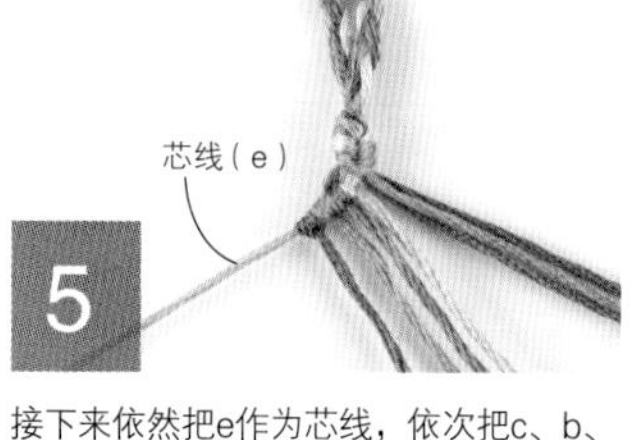

5 接下来依然把e作为芯线，依次把c、b、a当作缠绕线，按照与步骤3～4一样的方式打结。4个结扣制作完成。

<往左下编织的编结方法>

缠绕线　芯线　结扣　缠绕线

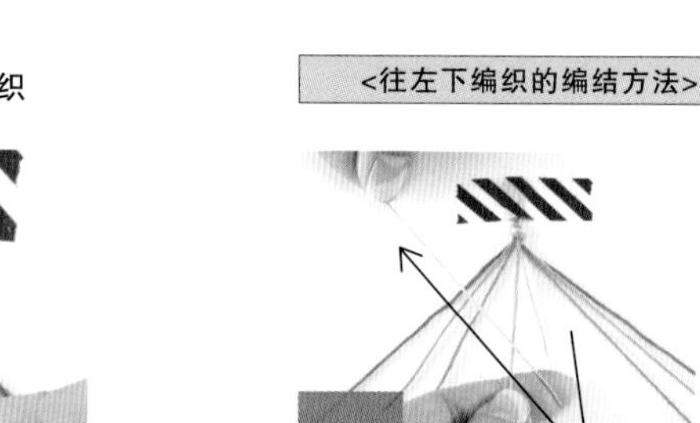

4 把缠绕线d从下往上缠绕在左手食指上，在芯线和缠绕线间做个圈。从圆圈中把缠绕线d拉到面前，与芯线收紧，打结。按同样方式再次打结。紧紧地收紧线，使芯线不露在外面，一个结扣就制作完成。

Point

缠绕2次，制作一个结扣。在收紧缠绕线时，要注意紧紧地与芯线相连。

〈往右下编织的编结方法〉

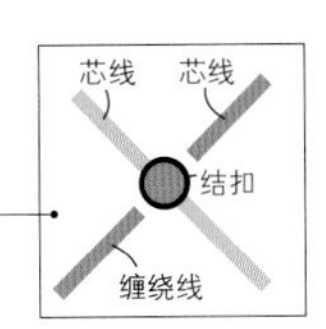

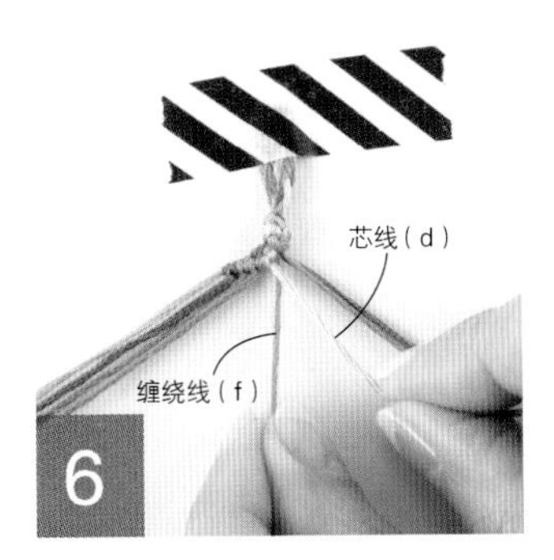

这次从中心往右打结编织。首先，从右边数的第四根线d当作芯线，其右边的f线作为缠绕线。把芯线d放在缠绕线的上面，并用右手拿着。

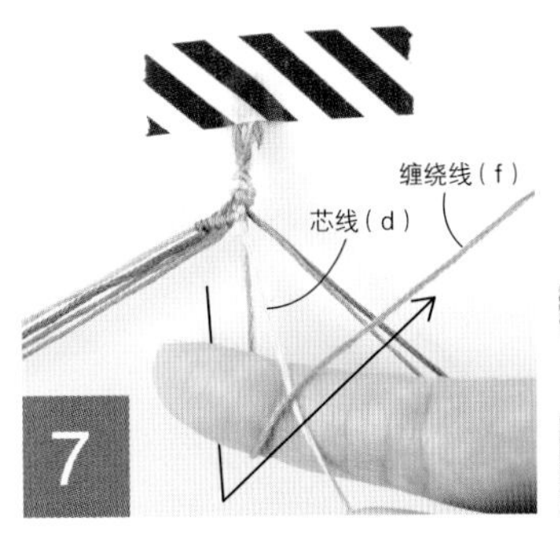

把缠绕线（f）从下往上缠绕在右手手指上，与芯线形成一个圈。把缠绕线穿过圆圈，拉到面前，并收紧线，打结。按同样方式再次打结。※这个也是缠绕2次，制作一个结扣

接下来依然把d线作为芯线，依次把g、h当作缠绕线，按照与步骤7一样的方式打结。图片展示的是7个结扣制作完成后的情形。※把1个结扣放在中心，左右两边各3个结扣

〈串珠的部分〉

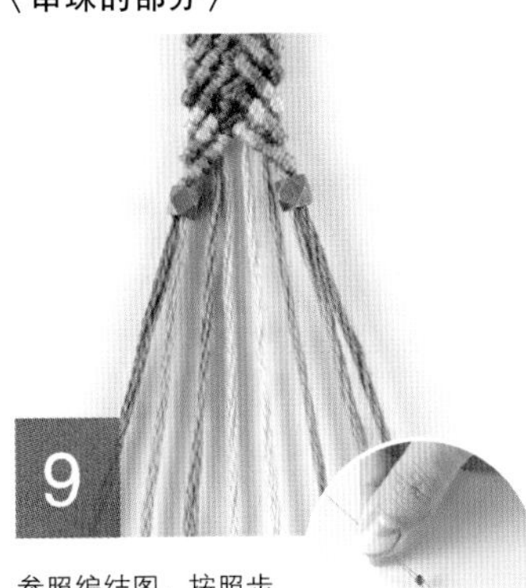

参照编结图，按照步骤3～8的要领编结，中间穿入串珠。把双线穿进串珠针的针眼里，并穿入串珠。图片展示的是串珠分别穿进a、b线和g、h线上的样子。

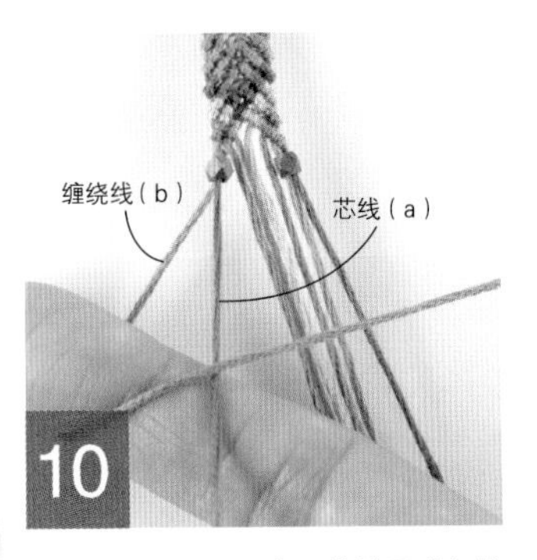

穿过串珠后，仍要参照编结图进行编结。因为这次是用右手从左外侧往右编结，所以把最左侧的芯线（a）放在缠绕线（b）的上面，按照步骤6～8的要领进行编结。

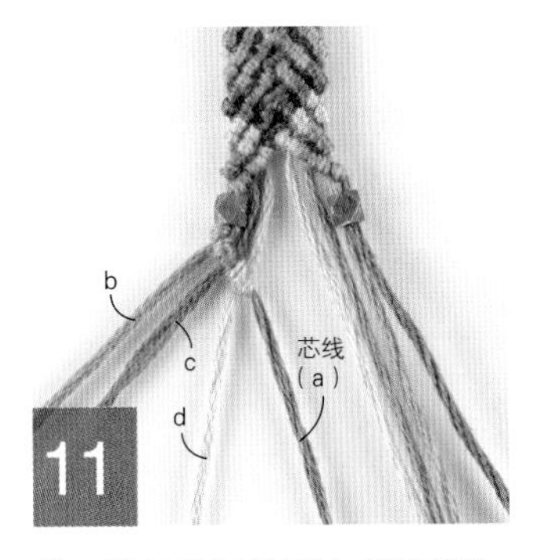

线c、线d也依次按同样方式进行编结。※没有穿串珠的缠绕线放在下面。以串珠的下面作为起点，往右下方编结，最终形成一个漂亮的斜结

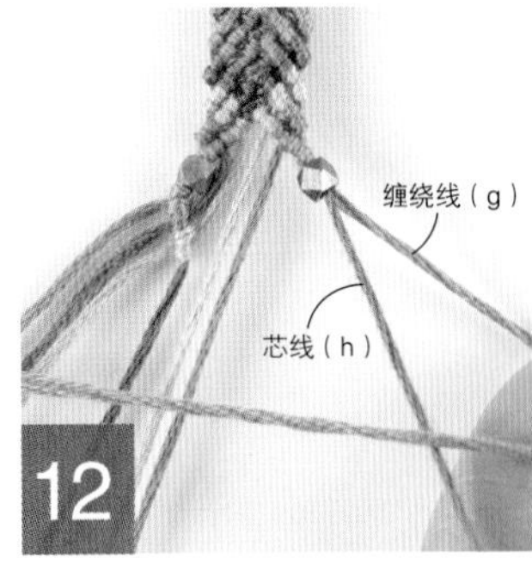

接下来，从右外侧往中心（左）进行编结。※按照同3～5一样的步骤编结下去。同样也会编织出同步骤11一样的漂亮的斜结

〈收尾>

参照编结图编到最后，把这8根线一起编固定单结。

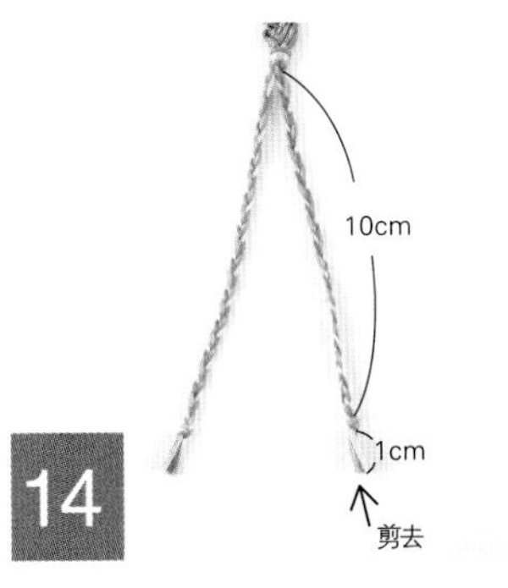

把打结后的8根线分成2等份，编织10cm的三股辫（1根、2根、1根），编固定单结，绳编手链制作完成。

混搭风手链不需要进行步骤13、14的固定单结和三股辫。可以参照P21进行混搭。

Lesson 3

扭结

把左右两边的线绳缠绕在芯线上，使用这种方法编出来的结，会自然而然地从左向右扭。

P19 扭结的双手链

3种颜色，制作方法相同。
在此以蓝色为例，展示制作过程。

〈材料〉

- DMC5号刺绣线A色粉红色（3687）/黄色（783）/蓝色（807）、B色通用・土黄绿色（612）各520cm
- 5mm×4mm圆壶状金属串珠（暗金色）7颗
- 约2cm长的金属配饰 3连环（暗金色）1个

〈工具〉

- 串珠针

〈成品尺寸〉

全长约38.5cm

编结顺序图

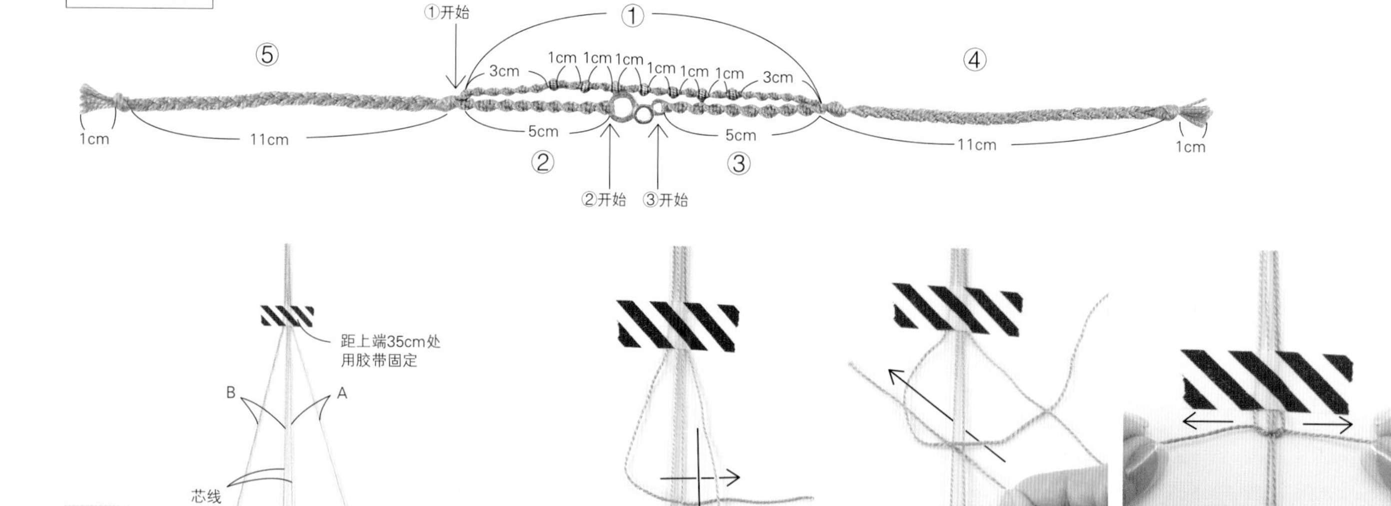

编织编结顺序图的图①的部分。分别准备A色、B色线绳（100cm长）各2根，共4根。从距上端35cm处开始编。

首先，把左端的线绳放在芯线上，拿到右边。把右端的线绳叠放在左端线绳上，形成十字形（如上左图所示）。然后，右端的线绳穿过芯线的下方，并放到左端线绳上，并拉出（如上中图所示）。重复此步骤，编大约3cm长（结扣自然地扭弯）。

Point

逐渐扭在一起，不好编的话，可以松开手，顺着扭弯方向，改换左右线后再打结，会比较容易编。

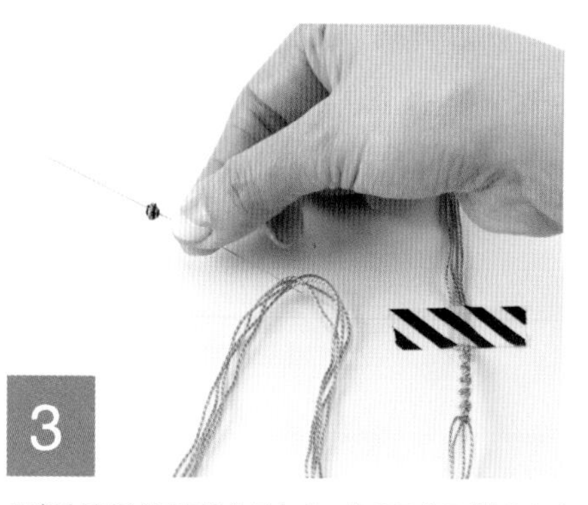

用串珠针穿过圆壶状金属串珠。然后用步骤 2 的方法编扭结，然后再穿金属配饰……按照上图编织下去。

Point

穿入金属串珠后，较长的线绳作为左右打结线使用（较短的线作为芯线）。

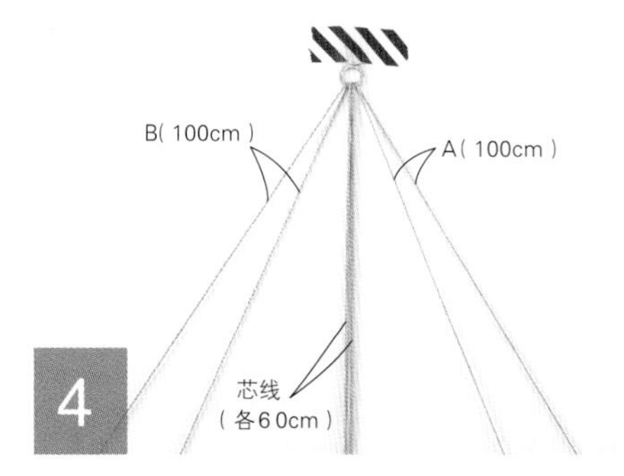

编织P24编结顺序图的图②部分。把3连环的金属配饰穿到其他线绳上。2根不同颜色的芯线，各60cm长，放在一起。把100cm长的A、B两色线绳穿进3连环的圆环中，然后各自对折。

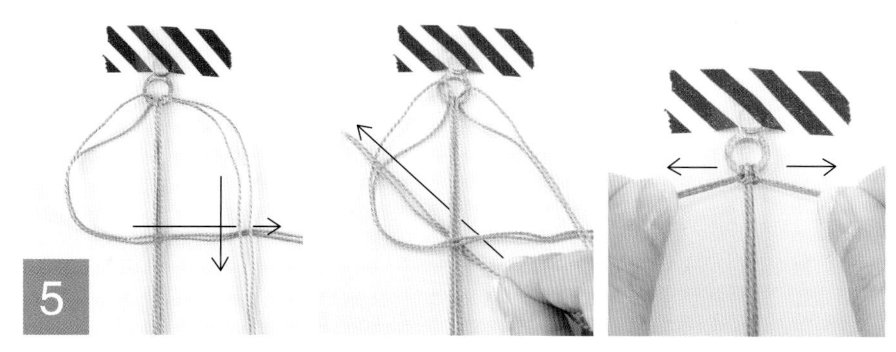

参照步骤2，编结5cm。P24编结顺序图的图③也是在另一侧的环中，也同步骤4一样，需要将线绳放进3连环的另一端圆环中，同步骤2一样编织5cm。

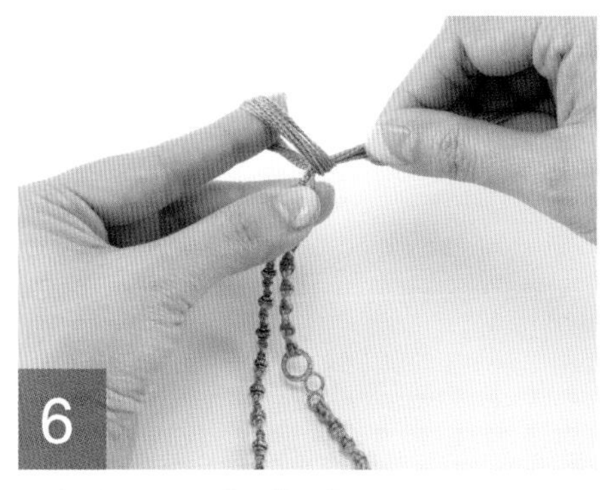

编结顺序图中的图①、②、③部分编完后，在编织完成处，把编结好的2根线绳放在一起编固定单结。

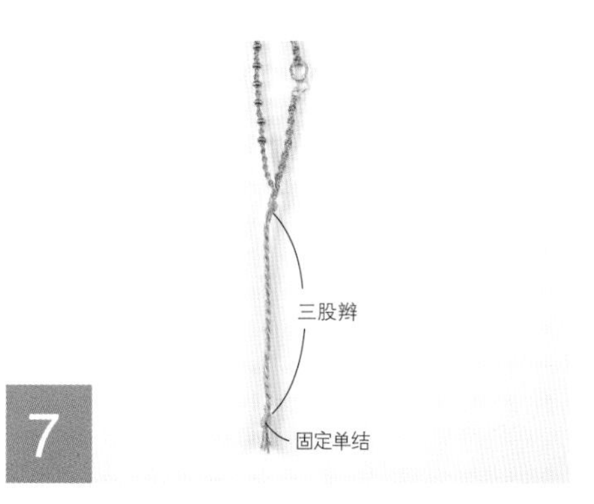

把线分成4根、4根、4根三等份，编三股辫，编11cm长，然后编固定单结。剪掉多余的线，编织完成。※另一端也进行同样编织

POINT LESSON P18 利伯蒂印花布+刺绣线的双色手链

短针的编织方法

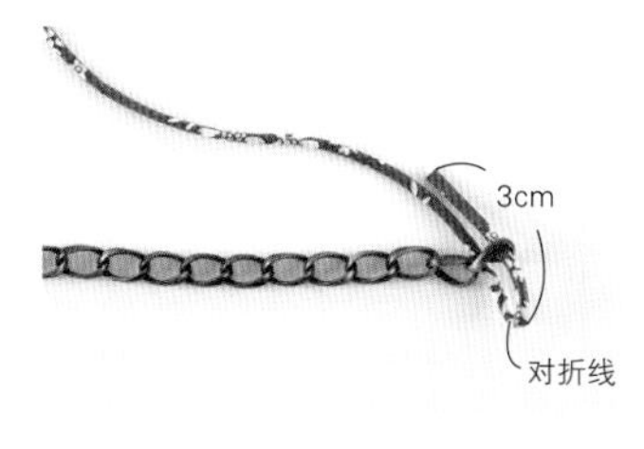

❶ 把绳端往里折进3cm，把对折线部分放在链条内。

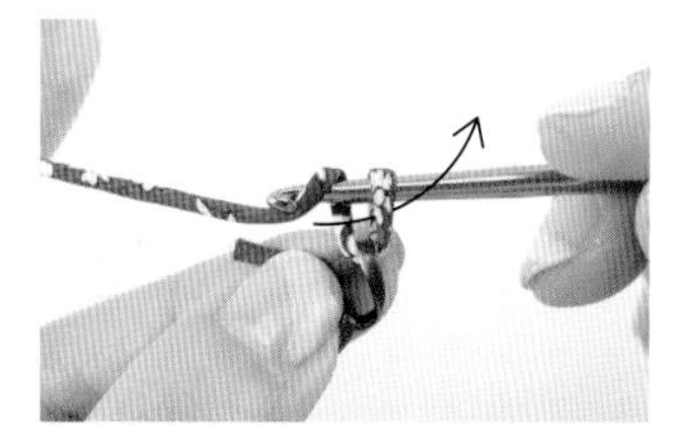

❷ 把钩针放入对折线内，按箭头方向所示拉出线绳，织1针锁针。

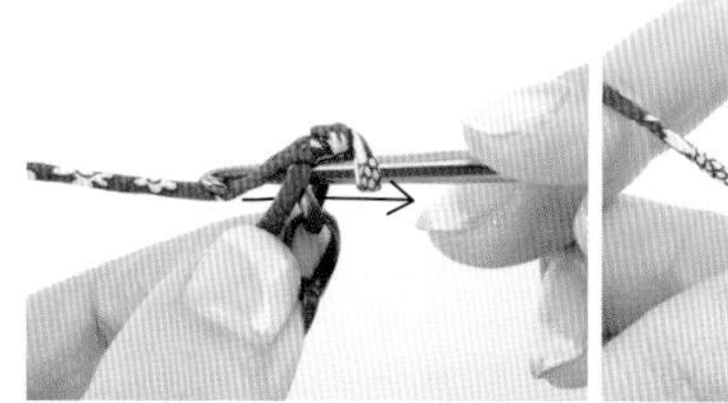

❸ 接下来织短针。把钩针放入链条内，如左图箭头方向所示拉出线绳，钩针上织出2个线圈。再次把线绳绕在钩针上，并一次从2个线圈中引拔出。

❹ 1针短针编织完成。
※起针的线绳，要编进短针中，隐藏在里面

❺ 下一针也同步骤❸、❹一样，把短针编织在链条上。

❻最后，从后线圈中拉出线绳，拉紧，剪掉多余的线，编织完成。

Column 2 多余的材料变废为宝

把作品多余的材料变废为宝，来制作其他的小配饰。

只需稍微花心思活用一下，多余的材料就能简单地变身成可爱的配饰。

制作成不同的配饰，混搭出不同的风格。

使用刺绣线

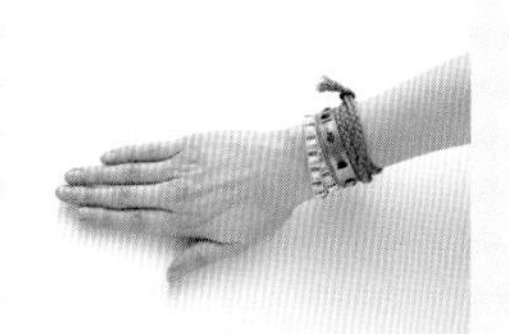

可以把不同颜色的手链混搭在一起。

embroidery thread _01

embroidery thread _02

三股辫手链

6根25号刺绣线，准备3份，只需编3股辫。如图所示，在编织开始处，可以编入小圆环，作为结扣。也可以不编入小圆环，收尾时，把线绳两端打结在一起即可。

流苏吊坠

制作流苏吊坠（参照P48），只需用圆环把流苏吊坠扣在长链条上，就可做成时髦漂亮的垂饰。可以如图所示那样扣上2个圆环来作为亮点。

使用串珠

bead _01

bead _02

bead _03

戒指类

❶用T字针把天然石垂吊在戒指环上。
❷把天然石和串珠穿在天蚕丝双线上。顶部分成2部分，中间再汇总成一根线。
❸尝试利用佩斯利漩涡纹图案，制作戒指。佩斯利漩涡纹（大）外围的金属丝预留较长，然后穿入串珠，作为指环部分。

圆环耳坠

用圆环把圆环金属配件和T字针上的串珠连在耳坠上（左图片上的串珠是P07的串珠，右图是P31的串珠）。可以把多余的金属配件和串珠自由地搭配在一起，试着做不同感觉的耳坠。

天然石的简单手链

把多余的串珠穿到天蚕丝上，用链条连接起来，可以简单地制作出许多不同风格的手链。左图上两条手链是由P09作品中剩余的淡水珍珠和P36的天然石制作而成的，右图的手链是用链条把P15剩余的串珠连在一起制作而成的。

Chapter

03

SET UP ACCESSORIES

手链及成套的配饰

让简单衣服出彩的人气长项链及耳坠等。
本章介绍了手链及成套的其他配饰的编织方法。
可以使用流苏、天然石等材料，设计出不同款式的配饰。
平时，可以单件佩戴，也可成套佩戴，
随时随地让自己变换心情。

流苏也使用同手链一样颜色的线进行手工制作。
重点是最后要用红色和深蓝色的线进行固定。

№ 12 BRACELET&NECKLACE

异国情调的流苏手链和项链

充满异国情调的精致长项链和手链。
在金色线上穿上串珠，进行锁针编织，
最后在手链上加上较小状的流苏。

how to make → P60

№ 13 BRACELET&PENDANT

淡水珍珠手链和带流苏的玫瑰念珠项链

穿一串淡水珍珠，再加上淡雅的天然石，
此款手链简单大方。
成套的吊坠项链，重点也是流苏哦！

how to make → P62

Montgeron
la Garenne
Mousseaux Chau
Draveil
Rouvres
les Haies St. Rémy
le Belvédère de Sénart
Cr. Charbonnière
Poste Fre
Cr. du Rû d'Oly
Cr. du Chemin Frayé
Uzelles
Cr. de la Mare aux Biches
Cr. du Chêne d'Antin
Cr. de l'Hôtel Dieu
Ermitage
Cr. des Cerfs

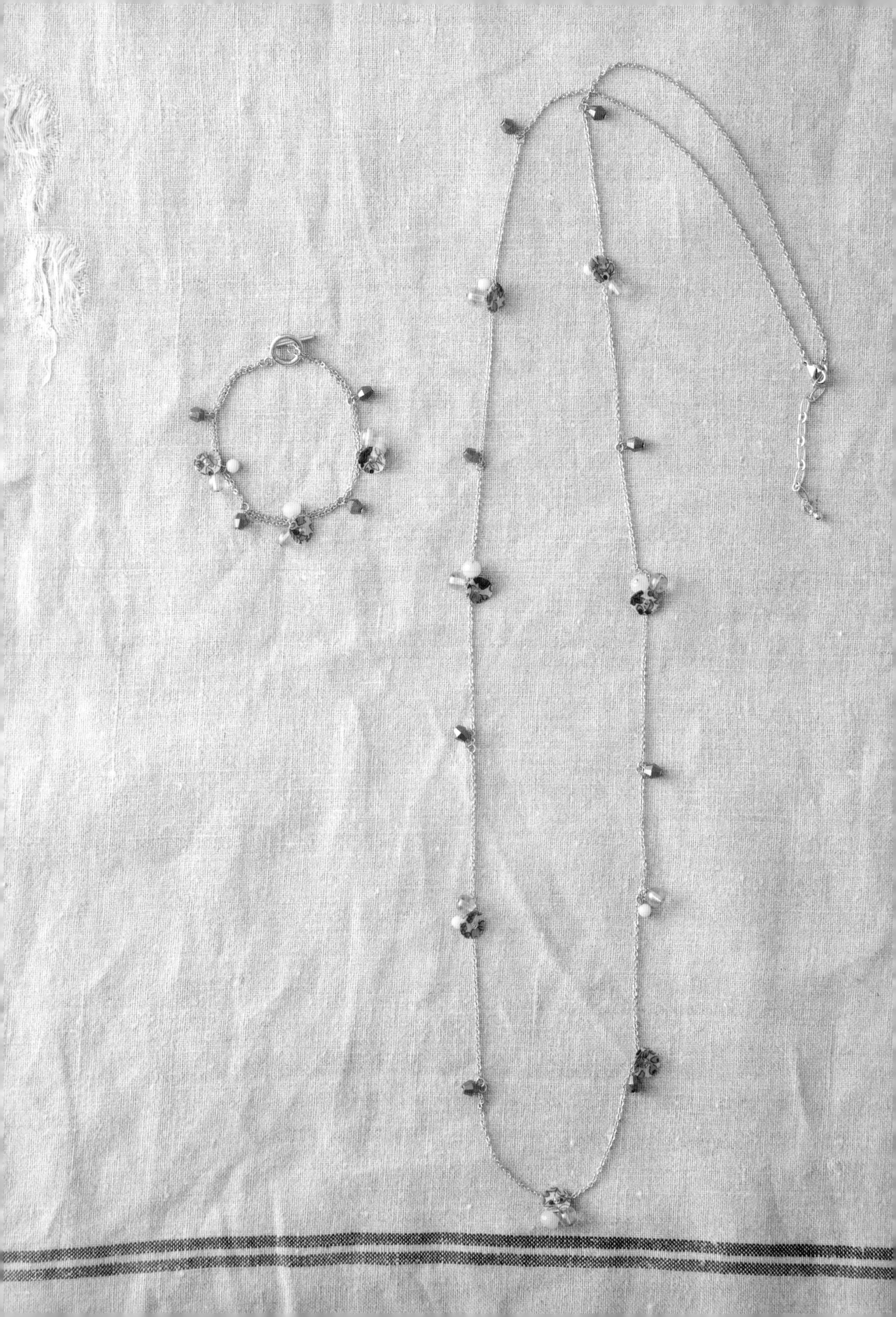

可以使用冲子在利伯蒂闪亮饰片上
打出圆形片，制作出亮片。

№ 14 BRACELET&NECKLACE

利伯蒂闪亮饰片手链和长项链

搭配上利伯蒂闪亮饰片的手链和长项链。
此款配饰，造型细长，佩戴时，
时尚醒目。

how to make → P59

No 15 BRACELET&PIERCE&PENDANT

海之纹手链、耳环、项链

宛如卡普里岛蓝色海洋的颜色。
使用这些美丽的蓝色串珠来制作成套的手链、耳环及项链。
耳环和项链的垂饰，轻轻摇曳，
宛如大海的波纹。

how to make → P64

№ 16 BRACELET&NECKLACE

天然石的绳结手链和长项链

穿不同的天然石，
编固定单结使其固定。
项链可以和细链条搭配，制作出长项链。

how to make → P38（Lesson4）

刺绣线的绳结，构成了饰品的一部分。

Lesson 4

P37 天然石的绳结手链和长项链

本节主要介绍长项链的制作方法。
手链的制作方法都相同，可以参照P39的图片。

绳结编织

在串珠与串珠间制作结扣（绳结），
既结实又是设计的亮点。
在此，介绍一下不使用小锥子，
而是用手工编织的方法。

〈**材料**〉※天然石的数量和刺绣线的长度按照长项链/手链的顺序

- 天然石串珠　※A色天然石只用于长项链
  - A浅蓝绿色（块状10mm）6颗
  - B海蓝色（扁椭圆形8mm×10mm）6颗/3颗
  - C黄色（栗形切面8mm×8mm）6颗/3颗
  - D深蓝色（糖球形5mm×9mm）20颗/6颗
  - E浅红色（硬币形7mm）6颗/6颗
  - F金红石水晶（圆球形6mm）12颗/9颗
  - G蜜蜡石（圆球形4mm）36颗/18颗
  - H红沙金石（圆球形4mm）18颗/6颗
- 圆环（暗金色）1.4mm×1mm和0.8mm×4.5mm 各2个 ※仅用于长项链
- 圆环（暗金色）0.7mm×3.5mm 4个 ※仅用于手链
- 心形坠 1个
- 链条（暗金色）67cm ※仅用于长项链
- 包线扣（暗金色）4个 ※仅用于手链
  OT扣（暗金色）1组※仅用于手链
- DMC25号刺绣线 深蓝色（3765）600cm/150cm
  黄土色（3829）和绿青石色（3810）各360cm ※这2个颜色仅用于长项链

〈**工具**〉

平嘴钳、尖嘴钳
串珠针

〈**成品尺寸**〉

全长 长项链约135cm 手链18.5cm

■ **长项链**

串珠排列图

Ⓐ F G A E C H D B

Ⓑ G H C A F D B E

Ⓒ D G H B F E C A

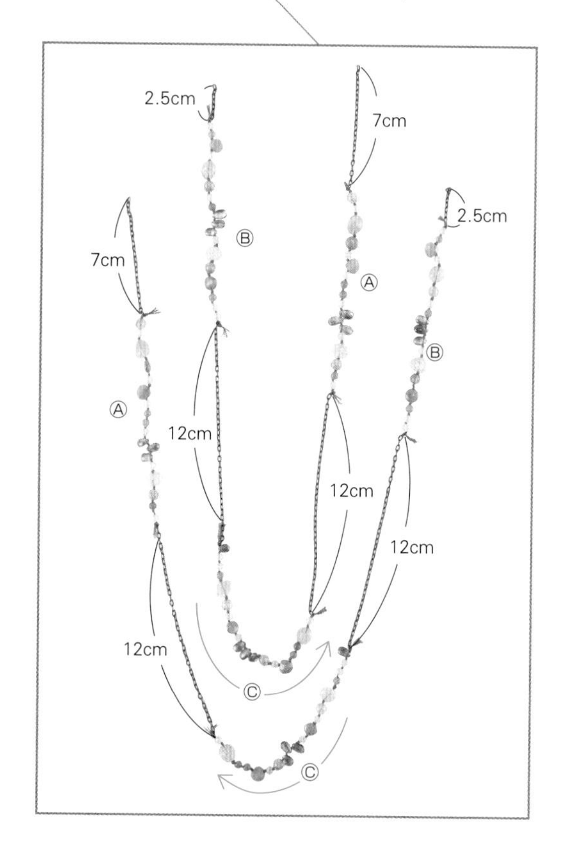

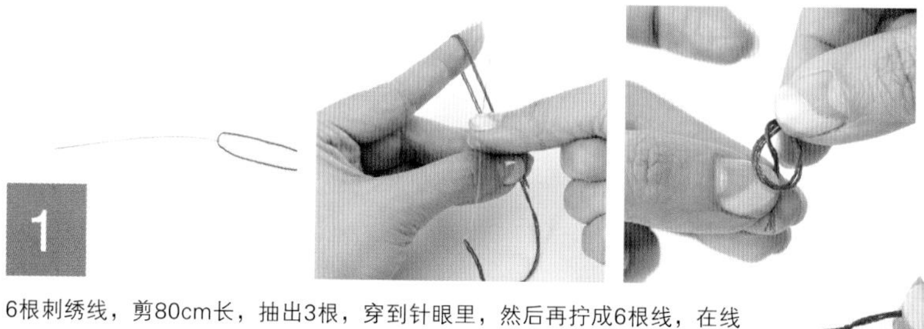

6根刺绣线，剪80cm长，抽出3根，穿到针眼里，然后再拧成6根线，在线端处，打死结。※手链是把150cm长的刺绣线分成3等份

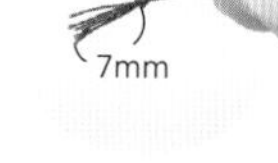

将多余的部分剪掉

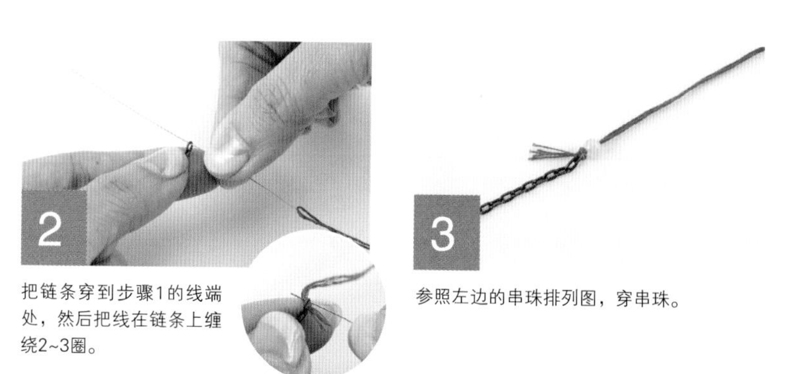

把链条穿到步骤1的线端处，然后把线在链条上缠绕2~3圈。

参照左边的串珠排列图，穿串珠。

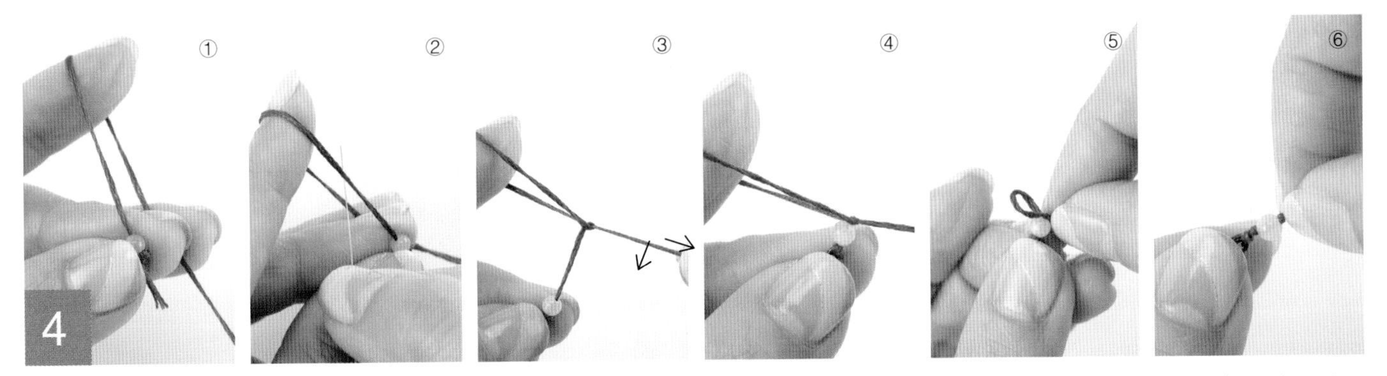

制作绳结，①如图所示，左手拿着串珠。②从前面把针穿进圆圈中。③、④向外拉出穿进的刺绣线，让绳结靠近串珠。⑤把左手食指从刺绣线圆圈中抽离，用右手的指甲按着绳结部分，慢慢缩小圆圈。⑥绳结制作完成。

同步骤4一样，参照P38的串珠排列图，穿入串珠，制作绳结，并穿到链条上，打结（把线端在链条上缠绕2~3圈后打结，在打结7mm处剪去多余的线）。制作2条。

把步骤5中制作的2条项链，用圆环（1.4mm×1mm）固定在一起（圆环的闭合方法参照P65）。

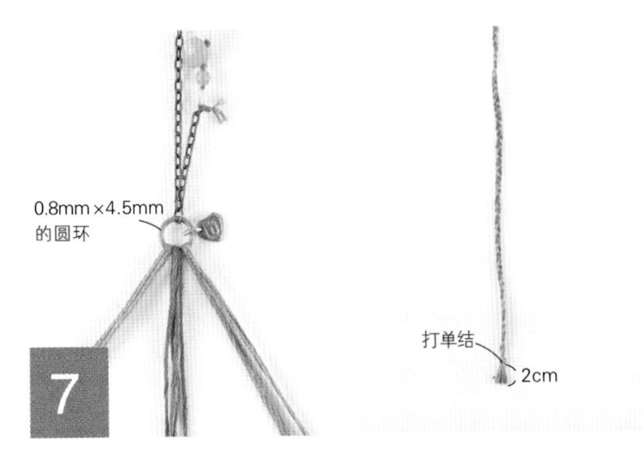

把大的圆环（0.8mm×4.5mm）扣在步骤6的圆环上，穿进3种颜色的刺绣线90cm，每种颜色各穿进2根，对折。每种颜色（4根）为一份，共分3等份，然后编三股辫。打单结后，剪去多余的线，制作完成。

■手链

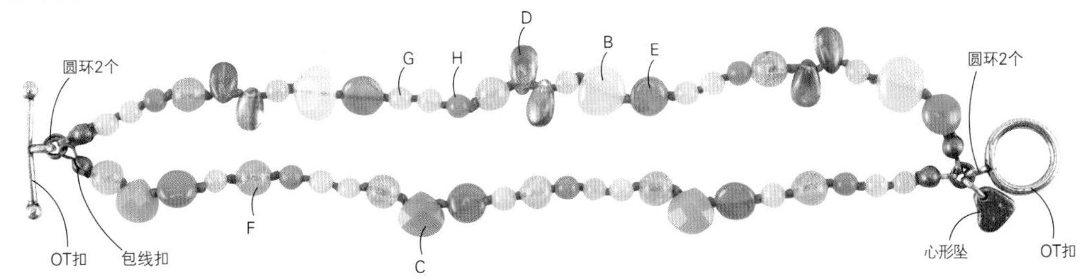

开始

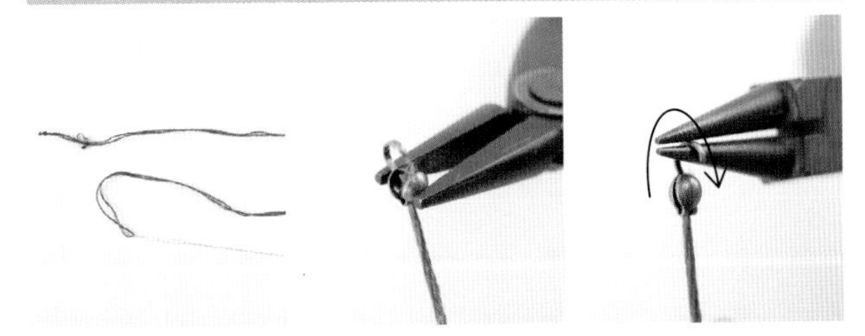

6根刺绣线，剪150cm长，抽出3根，穿到针眼里，再拧成6根线，在线端处打死结，最后穿进包线扣孔里。闭合包线扣，其尖端处用尖嘴钳绕成圆形。参照上图（参照长项链的制作方法），使用绳结的制作方法，依次穿入串珠。参照上述图片，制作2条手链。

收尾

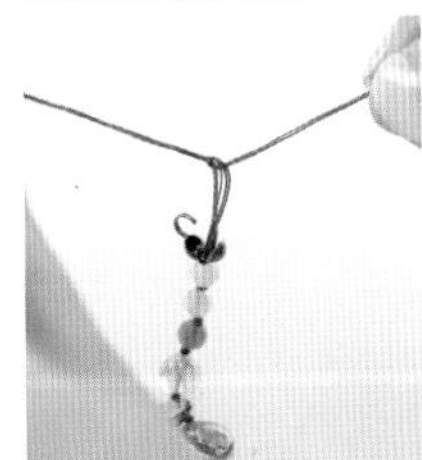

最后，把手链穿进包线扣里，并打结固定。同开始一样，合上包线扣，其尖端处绕成圆形。

组合

把2条手链用圆环拼接起来，并穿入心形坠和OT扣，制作完成。

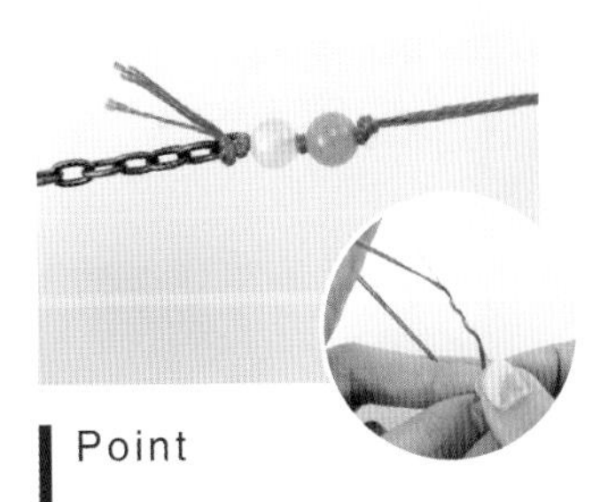

Point

当串珠的洞孔较大，或者绳结不明显时，可以多打几次结，在线绳圆圈内缠绕2~3次，使绳结变大。

Column 3 材料和工具

此栏主要介绍制作手链所需线绳种类和作品中所使用的各种材料，
如金属配件、串珠等，以及制作作品时必要的工具。

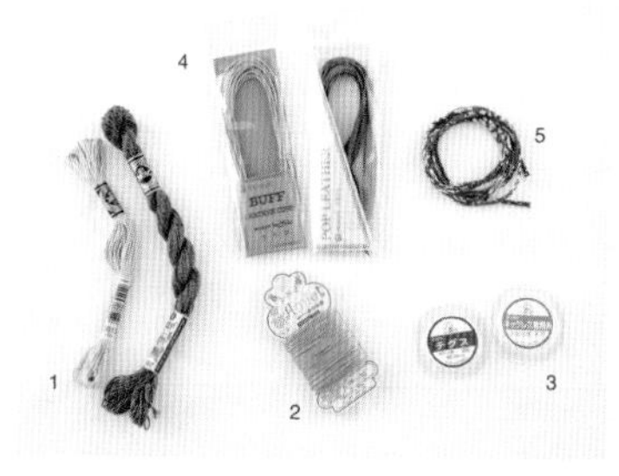
cord

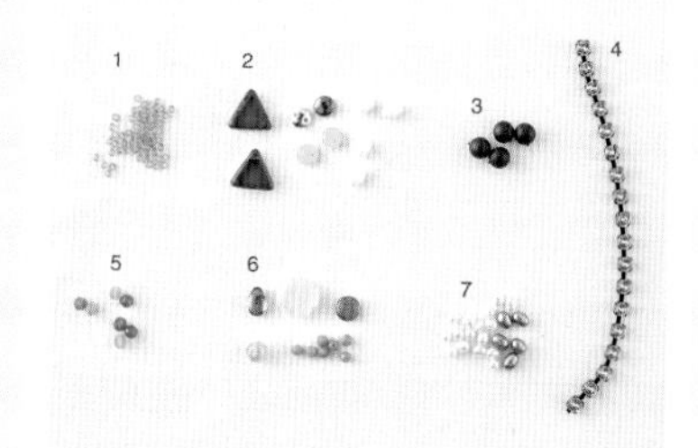
bead

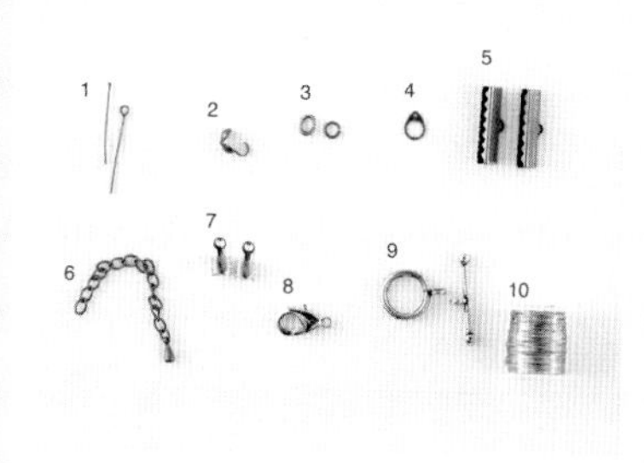
parts

线绳种类

1.刺绣线／左边是25号刺绣线，右边是5号刺绣线。5号线较粗一点。2. TOHO Amiet／聚酯100%的尼龙线绳，材质较硬，即使不使用串珠针，也能穿进串珠。3.天蚕丝、串珠专用线／穿串珠所使用的线。根据作品的不同，分开使用。另外也有一些其他种类的线绳（参照P10）。4.皮绳／有许多种类，如圆形、较薄平的。5.利伯蒂印花绳／里层含有布芯，并把利伯蒂印花布卷成线绳状。

串珠种类

1.小串珠／像种子那么小的串珠。2.捷克串珠／捷克制的玻璃串珠。种类和颜色非常丰富。图片中央的串珠是P06作品中所使用的串珠。3.磨光珍珠／进行磨光加工的树脂制珍珠。4.链条式人造宝石／排列着闪闪发光的玻璃宝石的链条。5.施华洛世奇水晶珠／切割得非常漂亮的水晶珠。6.天然石／天然矿物石或岩石制作而成的串珠。颜色和种类非常丰富。7.淡水珍珠／淡水培养的珍珠。除了圆形的以外，还有类似于鸡蛋、土豆等形状，颜色也非常丰富。

配件种类

1.T字针、9字针／用于穿串珠，或连接、悬挂其他配件。顶端是T形的，称为T字针；顶端比较圆弧状的，称为9字针。2.包线扣：用于编结开始时或结束时线的处理。3. C形环、圆环／用于连接配件。形状不同，叫法也不同。4.项链扣：项链的固定工具。5.马口夹：用来夹住绳端。6.调节链：用于调整手链、项链等长度的链条。7.链条接扣：用于固定链条式人造宝石时使用。8.龙虾扣：形状酷似龙虾。9.OT扣：把棒状小铁扣扣在小圆环上的扣环。10.金属丝：用来穿串珠。

chain

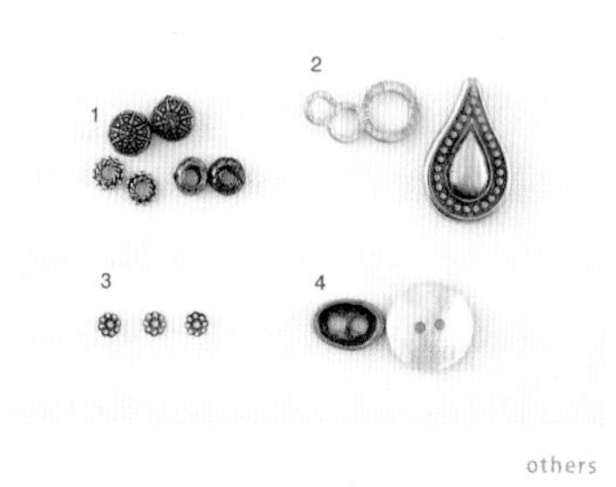
others

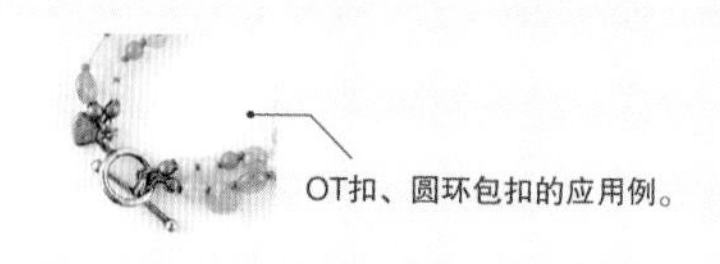
OT扣、圆环包扣的应用例。

链条种类

在本书中，使用了不同大小、不同样式的链条。其中，主要作品中使用的比较粗大的链条，是现在流行的款式。可以打开链条上的圆环，根据需要去除一部分链条，来调节链条的长度。

可以参照P65的圆环打开要领，使用小钳子把圆环打开。

其他

1.金属串珠/在金属或者塑料上镀金或涂抹金属颜料的串珠。有不同的种类。2.金属小饰物/用来装饰手链和项链的小饰物。3.菊花小花托/金属配件的一种，和串珠搭配在一起使用。4.纽扣类/用来固定项链的绳结。

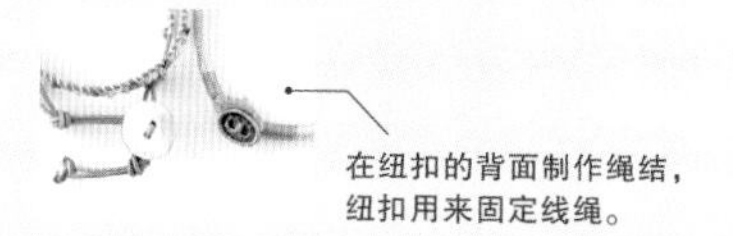
在纽扣的背面制作绳结，纽扣用来固定线绳。

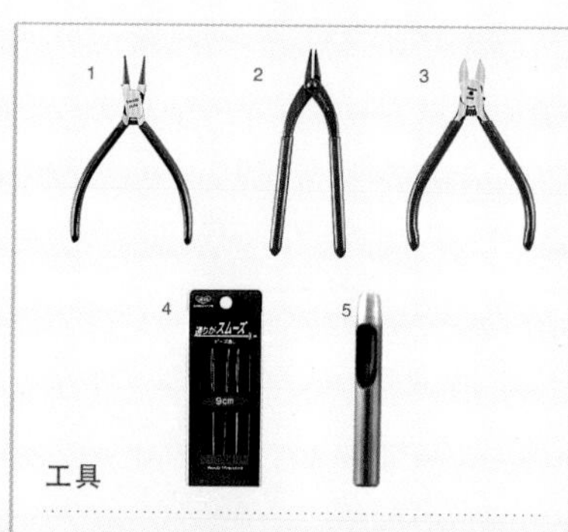

工具

1.尖嘴钳/尖端是圆形，把金属丝或小铁栓绕成圆形时使用。2.平嘴钳/尖端是平的普通钳子。3. 钳子/用于裁剪金属丝。4.串珠针/穿串珠的专用针。5.冲子/用来打圆孔的工具。P32制作圆形亮片时就使用此工具。

Chapter

04

ETHNIC & BIJOU STYLE

民族风、珠宝风格配饰

可以手工制作出流行的民族风、
珠宝风格的配饰。
本章介绍一些个性十足、
精致漂亮的手链及项链的制作方法。
如果想要搭配成熟风格的女性服饰的话，
建议选择比较冷酷风格的配饰或具优雅风格的配饰。

№ 17 BRACELET

异国情调的皮革手链

在皮革带上刺绣上串珠和亮片。
隐约可见的绸缎丝带，
也为此款手链增添一抹色彩。

how to make → P66

№ 18 BRACELET

带流苏的链条手链

皮革细带将金色的绳带与链条融为一体，
再搭配上流苏，精巧华丽。
令人惊喜的是，
此款手链和休闲装扮也很搭配。

how to make → P67

№ 19 BRACELET&PIERCE&NECKLACE

佩斯利漩涡纹花片的成套首饰

把同系列的串珠穿进金属丝，
制作出一个一个精美的佩斯利漩涡纹，
制作出成套的手链、耳环、项链。

how to make → P68

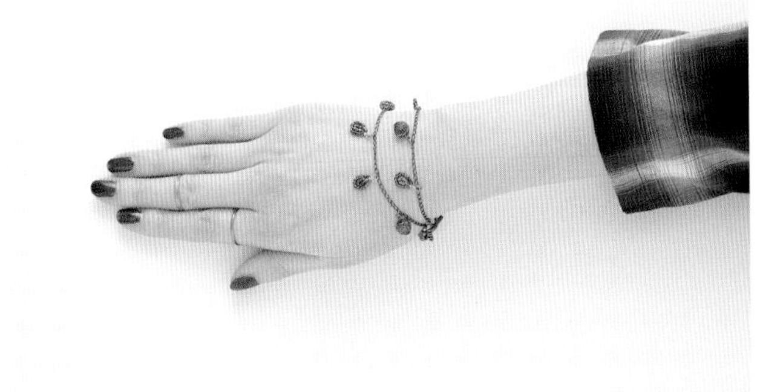

把花片聚集在一起制作成垂饰，垂在中心。
即使没有水滴形的金属配件，也能制作出垂饰。

№ 20 BRACELET&NECKLACE&PIERCE

海军风的
手链、项链、耳坠

闪耀的莱茵石人造钻石，
制作出珠宝风格的项链、手链、耳坠。
通过平结编法编织刺绣线，
制作出典雅的手链。

how to make → P70

改变刺绣线的颜色，
可以制作不同颜色的手链。

链条项链和串珠耳坠。

POINT LESSON　P43　带流苏的链条手链／P44　佩斯利漩涡纹花片的成套首饰

■流苏的制作方法

在此介绍一下P43带流苏的链条手链的流苏的制作方法。
不同的作品，绕线次数及厚纸尺寸也不相同。请参照各页具体的制作方法。

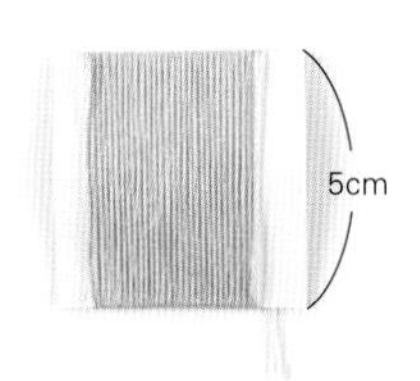

❶在厚纸片上把300cm长的25号刺绣线缠绕30圈。

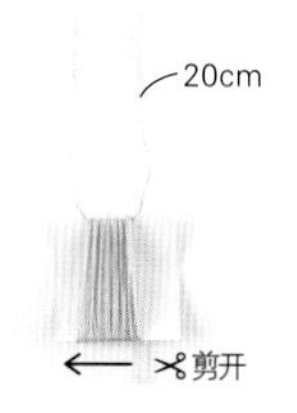

❷把20cm长的刺绣线穿到步骤1刺绣线圈的上方，打结，下方的线圈用剪刀剪开。

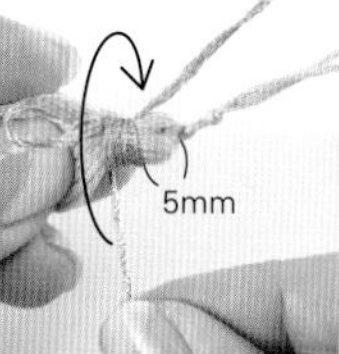

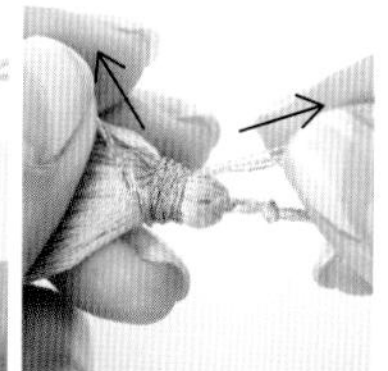

❸拿掉厚纸片，在距上端5mm处的地方缠绕配色线，编固定单结（大概缠绕5圈，并把剩下的线放入圆圈中，左右拉紧首线和尾线）。多余的线剪去。

❹把下端的线修剪整齐，制作完成。

制作完成

■佩斯利漩涡纹花片的制作方法

本书中制作了大、中、小三个尺寸的花片。其制作方法都是一样的。在此以大的花片为例，进行说明。

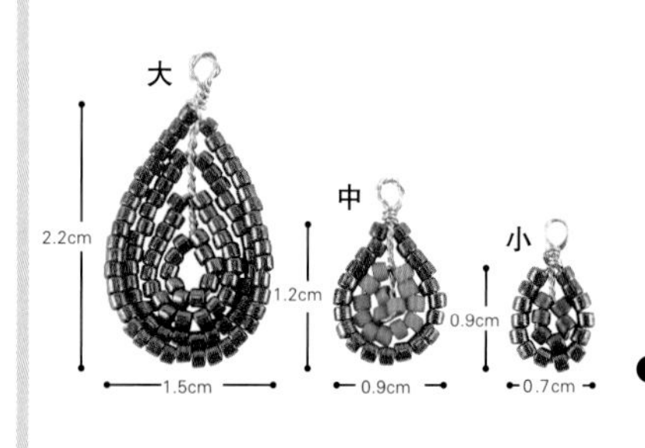

❶从中心开始制作。在金属丝（30cm）上穿入10颗串珠，做出水滴形。

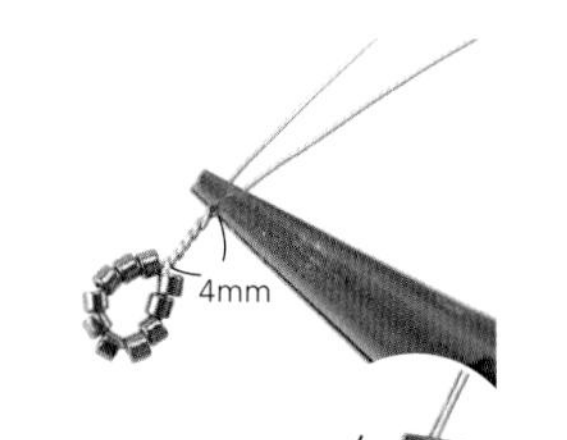

❷用平嘴钳夹住金属丝，手拿着串珠，拧4mm长。这个时候，要用直尺测量是否刚好是4mm长。

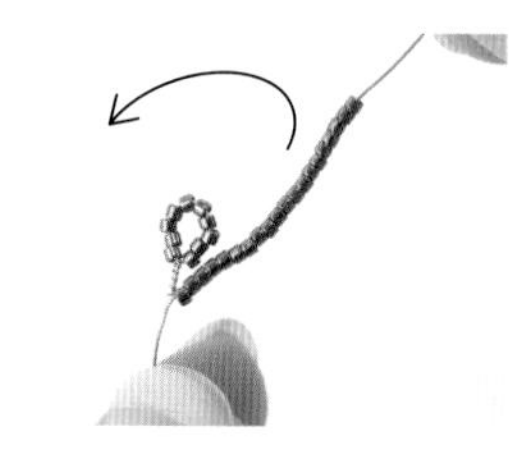

❸第2圈。在金属丝上穿入20颗串珠。同步骤❶，制作出水滴形。

❹同步骤❷，把铁丝拧在一起，4mm长。

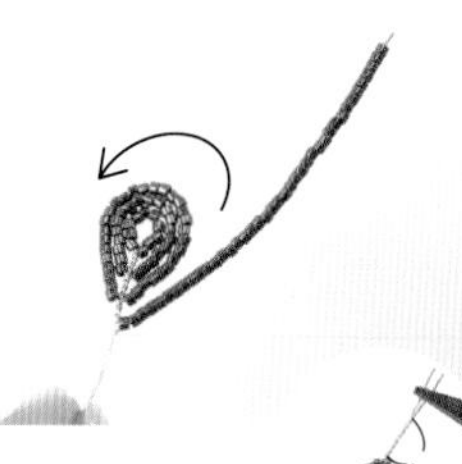

❺按上述方法，制作第3圈（30颗串珠）、第4圈（改变串珠颜色，40颗）。第4圈制作完成后，最后把金属丝拧1cm长。

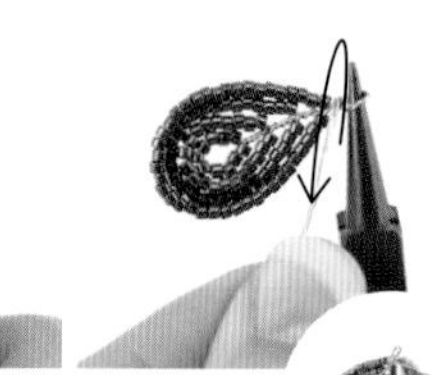

❻尖嘴钳夹在刚才拧起的1cm的中央部分，把金属丝缠绕在尖嘴钳的口端，缠绕2~3圈。剪去多余的金属丝，制作完成。

制作方法

本书中所显示的手链等的尺寸，都是以编者的手腕大小为基准。

所以，手链可以根据自己手腕的大小，来适当地调整尺寸。

制作时，可以参照后面的具体制作方法。

在没有特别指明的情况下，都是以厘米（cm）为单位。

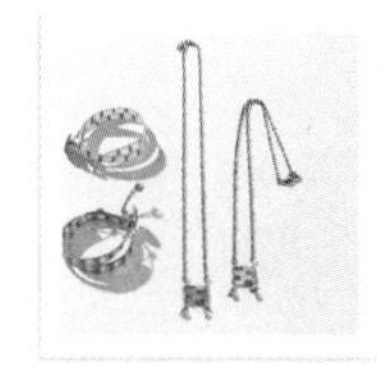

Nº 01

梯子形吊坠

P04

材料

■通用 ※（ ）内的颜色是薄荷绿色/白色的顺序

圆形小串珠 A色=（浅薄荷绿色/银白色）8颗、B色=（浅绿色/牛奶白色）12颗、C色=（无光泽的薄荷绿色/灰白色）12颗、D色=（薄荷绿色/白色）39颗，2mm的12面金属串珠（暗金色）22颗，3mm的12面金属串珠（浅金色）2颗，0.7mm×30mm的9字针（暗金色）2根，0.6mm×20mm的9字针（暗金色）8根，0.6mm×20mm的T字针（暗金色）4根，0.5mm×20mm的T字针（暗金色）5根，直径4.5mm的圆环(暗金色)3个，4.5mm×5.5mm的C形环（暗金色）2个，龙虾扣（暗金色）1个，8mm×7mm的项链扣（暗金色）1个，链条（暗金色）50cm

※使用尖嘴钳、平嘴钳、钳子

■成品尺寸

全长约52cm

1. 制作9字针、T字针

※9字针全部是0.6mm×20mm

※参照下图，把串珠穿进9字针中，并把尾端绕成圆形（绕成圆形的方法参照P65。为了使穿进的串珠不掉出来，把圆形绕小一些）

配件a 2个

配件b 2个

9字针

小串珠B 6颗

配件c 2个

配件d 2个

小串珠D 4颗

9字针

配件e 2个

0.6mm×20mm的T字针

3mm的12面金属串珠

小串珠D

配件f 2个

0.6mm×20mm的T字针

2mm的12面金属串珠

小串珠D

配件g 1个

2. 组合垂饰吊坠

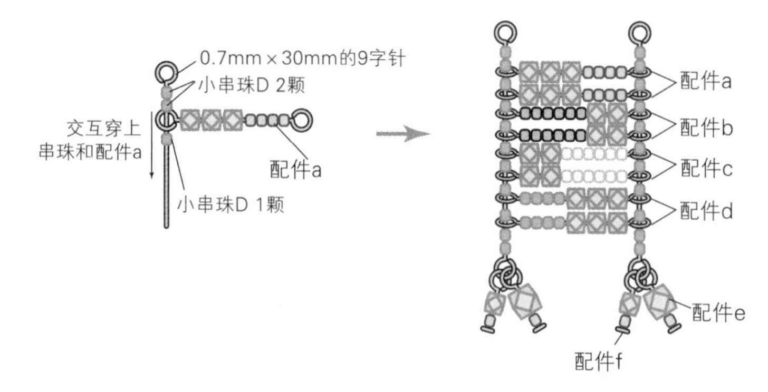

3. 用C形环和圆环把配件和链条连在一起

№ 03

细波纹造型手链

P07

材料

■通用　※（　）内的颜色是蓝色/白色的顺序

直径3mm圆形切面捷克串珠（烟灰色）36颗，直径3mm圆形捷克串珠（古铜色）40颗，直径4mm圆形施华洛世奇水晶珠5810号（粉绿色/灰白色）6颗，直径6mm圆形施华洛世奇水晶珠（深灰色/象牙白色）6颗，小串珠（原色+亮蓝色/亮白色+白色）20颗，直径15mm的珠母贝纽扣（蓝色/白色）1颗，直径为1.2mm的圆皮绳（蓝色/白色）120cm，串珠专用线（蓝色/白色）400cm

※使用串珠针

■成品尺寸

全长约20cm

串珠专用线
的穿法

※双线穿过

直径3mm的圆形
捷克串珠

直径3mm的圆形切面
捷克串珠

直径6mm的圆形
施华洛世奇水晶珠

④4根皮绳一起打单结

皮绳

小串珠

串珠专用线
双线

直径4mm的圆形
施华洛世奇水晶珠

③仅把皮绳穿进
珠母贝纽扣孔中

1.5cm

1cm

11.5cm

2.5cm

珠母贝纽扣

①皮绳60cm 2根
对折，打单结（参照P52）

②一边穿串珠，
一边把串珠专用线双线编成梯子形
※梯子形的编织方法
参照Lesson1(P10)

№ 02
豆状串珠手链

P06

材料

■通用 ※串珠的颜色参照下表
直径6mm的豆形双孔捷克串珠A色=16颗、B色=15颗、C色=15颗，直径15mm的珠母贝纽扣（灰白色）1颗，1.5mm的皮绳（灰白色）70cm，串珠专用线（灰白色）220cm
※使用串珠针

■完成尺寸
全长约23cm

※图片显示的是黄色的配色花样。
根据自己的喜好，可以随意搭配颜色

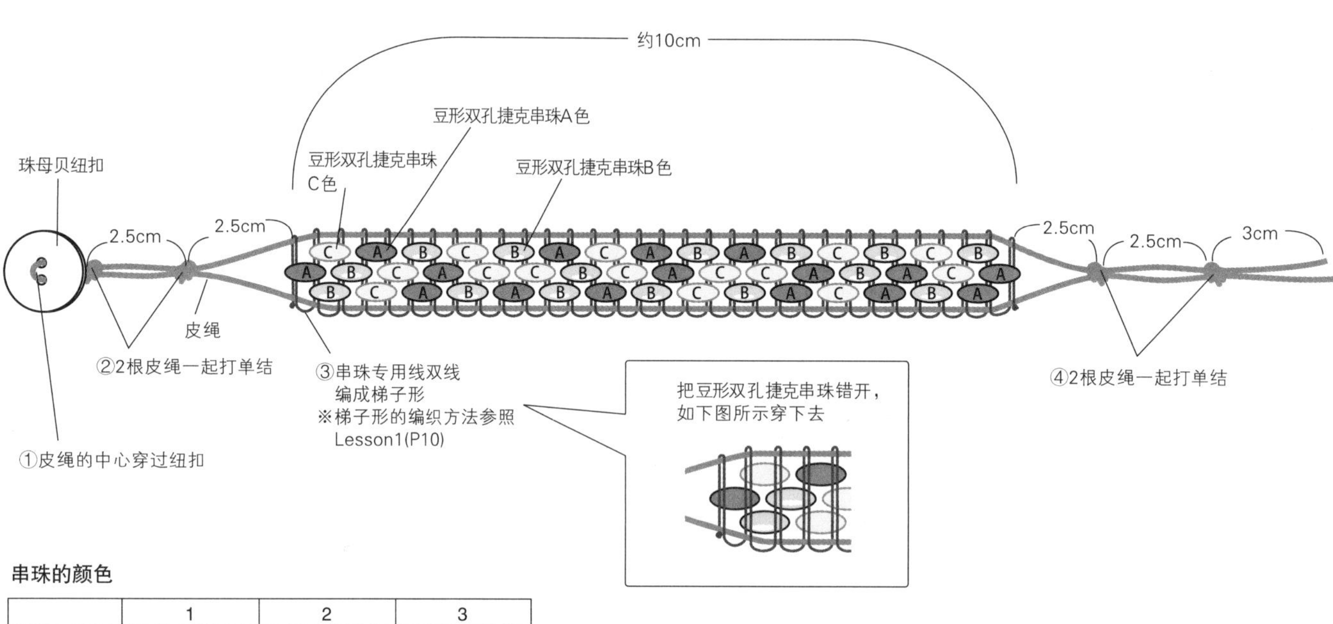

串珠的颜色

	1	2	3
A色	荧光粉色	荧光绿色	灰绿色
B色	香槟白色	香槟白色	香槟白色
C色	银白色	银白色	银白色

单结的制作方法

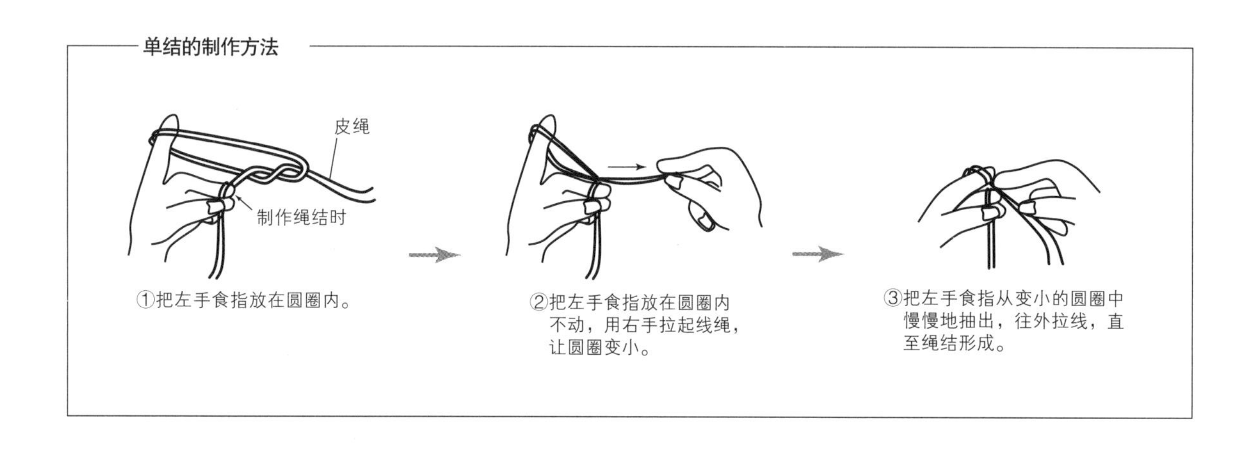

①把左手食指放在圆圈内。

②把左手食指放在圆圈内不动，用右手拉起线绳，让圆圈变小。

③把左手食指从变小的圆圈中慢慢地抽出，往外拉线，直至绳结形成。

№ 05

同色淡水珍珠手链和耳环

P09

材料

■手链

3mm×4mm的椭圆形天然石淡水珍珠（白色）77颗，3mm的荧光切面捷克圆珠（亮灰色）33颗，直径3mm的圆形天然石串珠（象牙白色）22颗，直径15mm的珠母贝纽扣（灰白色）1颗，直径1.2mm的圆皮绳（黑色）150cm，串珠专用线（黑色）230cm

※使用串珠针

■耳环

6mm×7mm的椭圆形天然石淡水珍珠（白色）2颗，宽4mm的缎带（黑色）30cm，0.6mm×20mm的T字针（暗金色）2根，0.8mm×4.5mm圆环（暗金色）6个，耳环挂针（暗金色）1对

※使用尖嘴钳、平嘴钳、钳子

■成品尺寸

手链　长约52.5cm

耳环　长约3cm

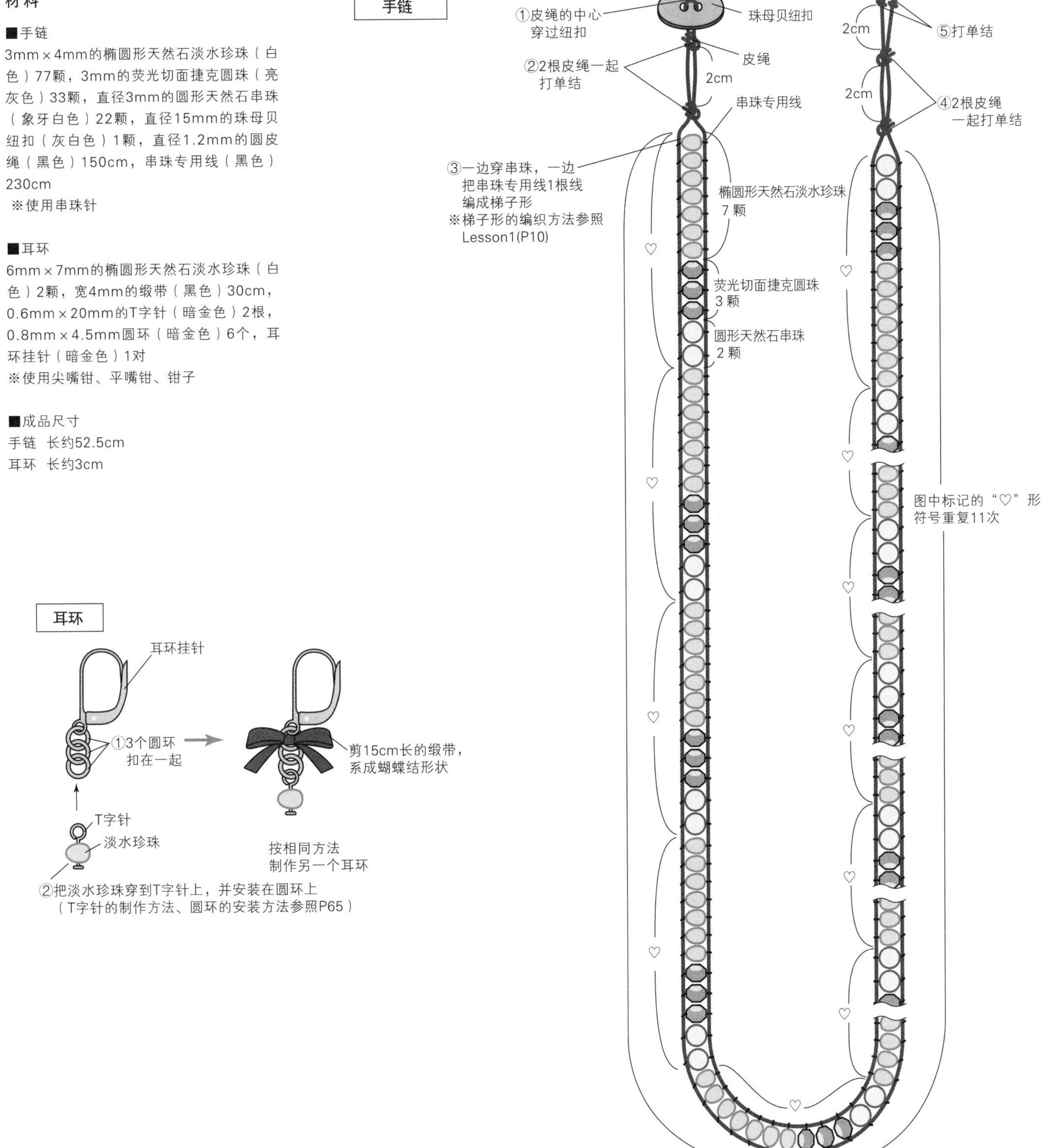

№ 04

施华洛世奇水晶珠手链

P08

材料

■通用 ※水晶珠、串珠专用线以及皮绳的颜色参照下表
直径4mm的圆形切面施华洛世奇水晶珠5000号 A色=39颗、B色=26颗、C色=26颗，4mm的金属串珠（暗金色）30颗，8.5mm×12.5mm的椭圆形纽扣（暗金色）1颗，直径1.5mm的皮绳150cm、串珠专用线550cm
※使用串珠针

■成品尺寸
全长约58cm
（可以在手腕上绕3圈）

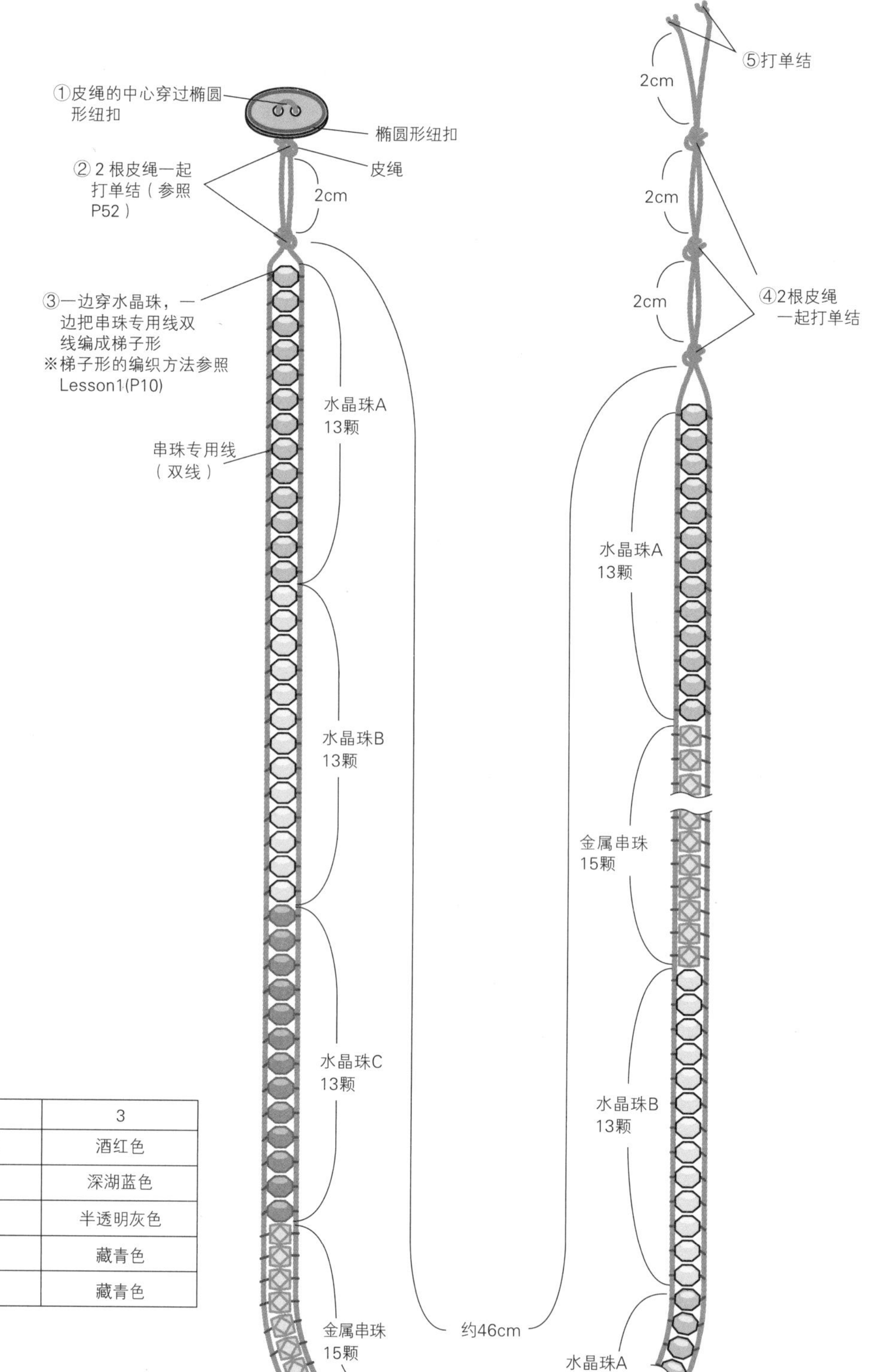

水晶珠、串珠专用线以及皮绳的颜色

	1	2	3
水晶珠A	黄玉色	浅湛蓝色	酒红色
水晶珠B	半透明土黄色	蔷薇色	深湖蓝色
水晶珠C	半透明卡布里蓝色	亮黑色	半透明灰色
串珠专用线	原色	灰色	藏青色
皮绳	原色	灰色	藏青色

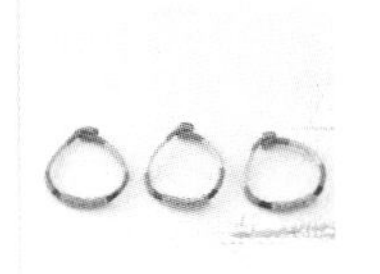

№ 07

绕线手链

P16

材料

■通用 ※刺绣线的颜色中，A色是相同的，B色和C色参照下表

三切面的小圆珠（透明色+米黄色）120颗，DMC25号刺绣线A色深紫红色（3834）40cm、B色=180cm、C色=100cm，8.5mm×12.5mm的椭圆形纽扣（暗金色）1颗，直径为3mm的彩绳（卡其米色）40cm

※使用缝纫线、刺绣针、细长的串珠针、木工用黏合剂

■成品尺寸

全长约19cm

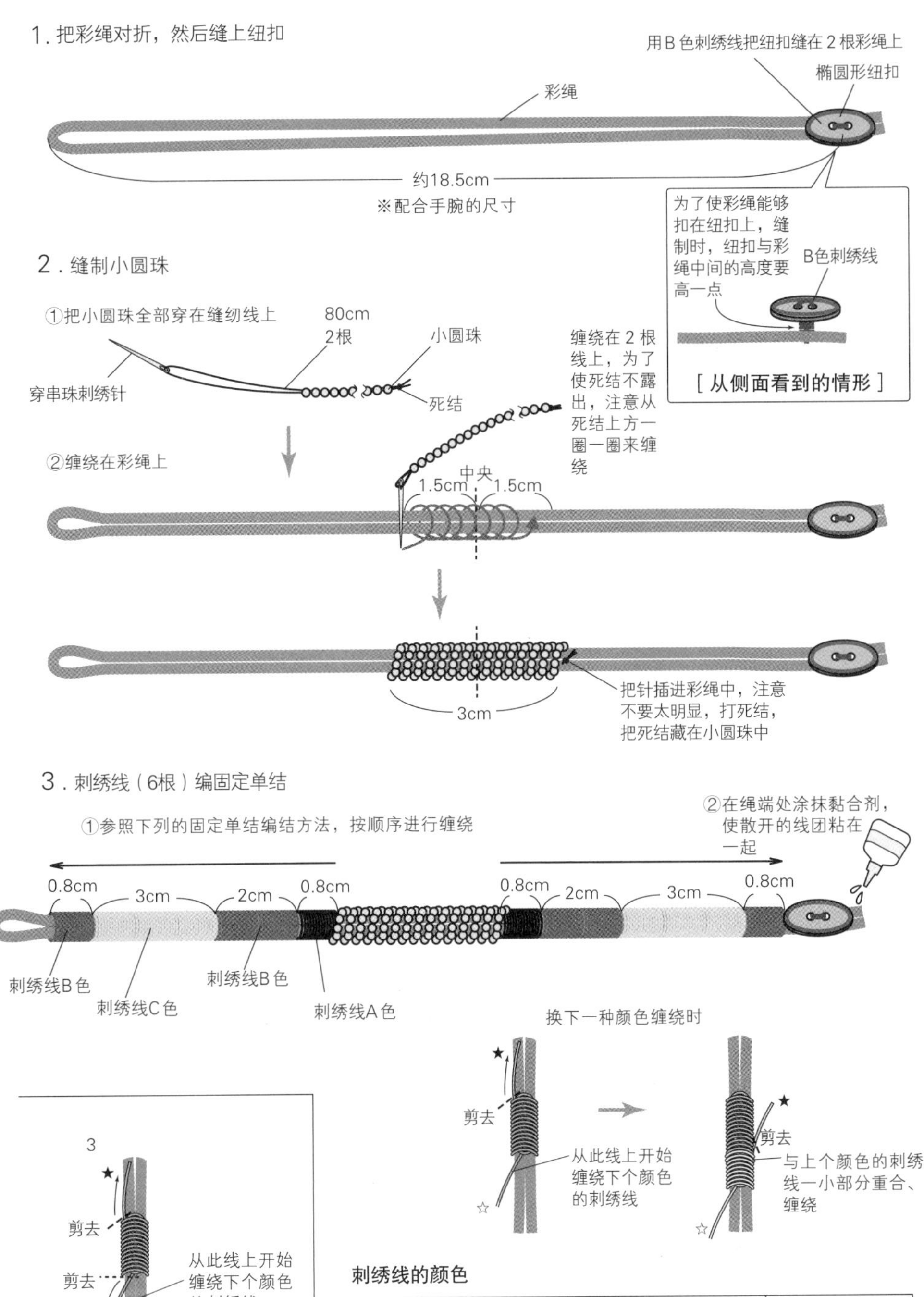

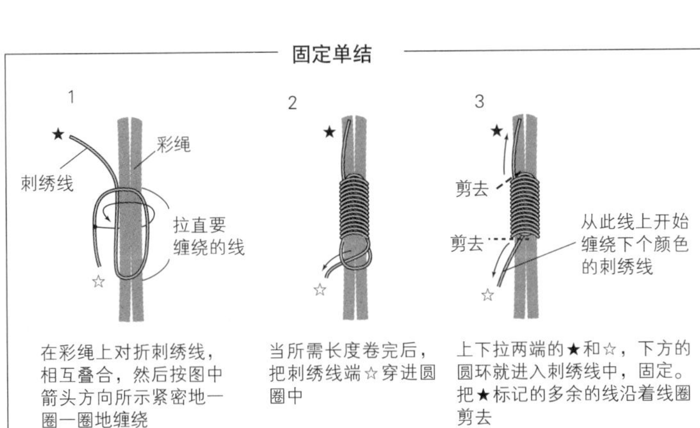

刺绣线的颜色

	1	2	3
B色	祖母绿色 3814	深橘色 921	绿松石色 3810
C色	黄绿色 3053	芥末绿色 834	灰蓝色 927

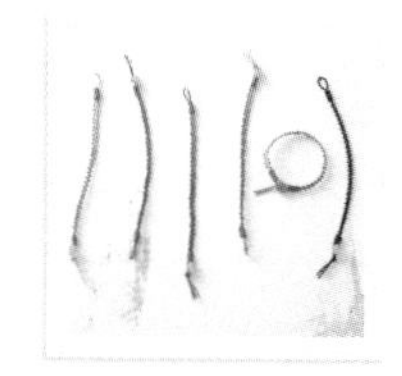

Nº 08

串珠手链

P17

材料

■通用　※串珠专用线和绒面皮革的颜色可以参照下表

三切面小圆珠（铜黄色）66颗，直径10mm的带脚纽扣（浅灰色）1颗，直径0.65mm的聚酯细线（TOHO Amiet）240cm，绒面皮革1cm×3cm

※使用超强力双面胶带或者黏合剂

■成品尺寸

全长约20cm

1. 从绳子开始做起

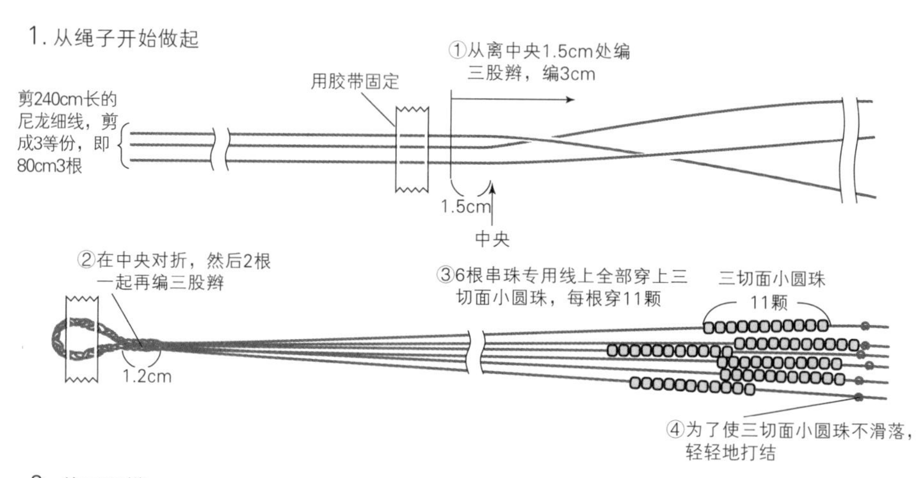

2. 编三股辫

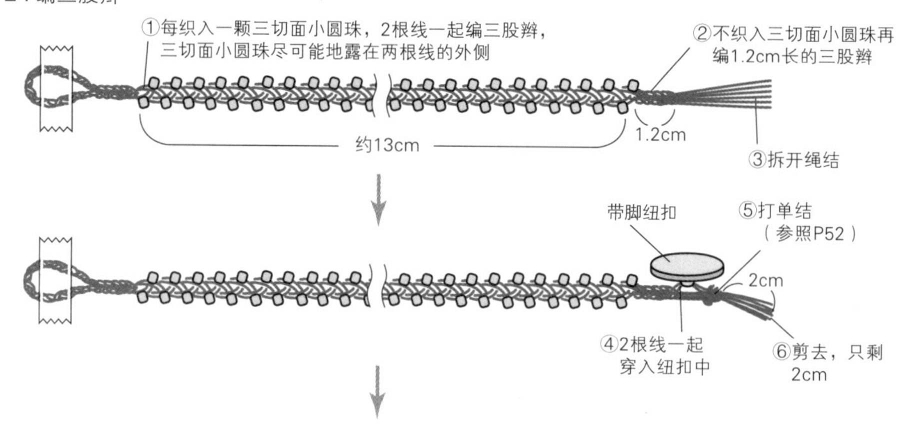

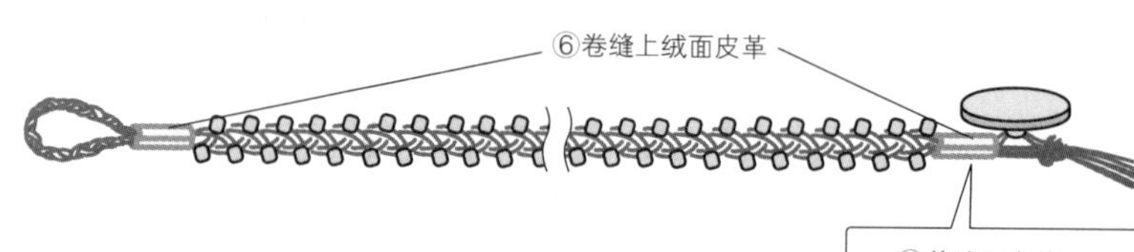

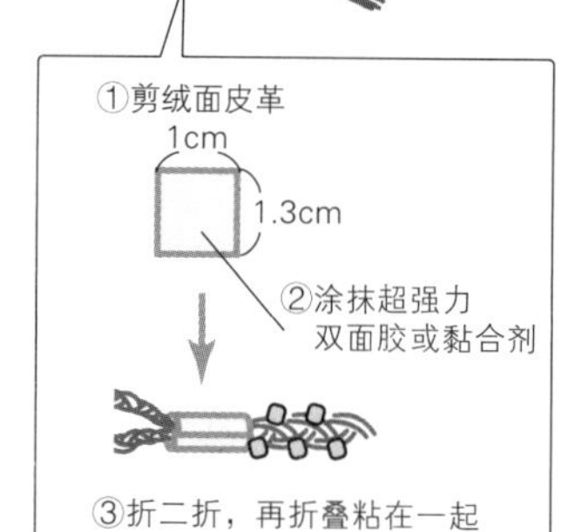

串珠专用线和绒面皮革的颜色

	1	2	3	4	5	6
串珠专用线	米白色	灰色	棕色	金棕色	橄榄绿色	黑色
绒面皮革	棕色	棕色	棕色	棕色	棕色	黑色

№ 09

利伯蒂印花布+刺绣线的双色手链

P18

材料

■通用
1个圆环的尺寸是1.2cm×0.7cm的链条（暗金色）15cm，0.8mm×4.5mm的圆环（暗金色）7个，龙虾扣（暗金色）1个，调节链（暗金色）5.5cm
■红色
直径2mm的利伯蒂印花绳（粉色小花图案）120cm，DMC25号刺绣线（蓝色518）400cm
■橘黄色
直径2mm的利伯蒂印花绳（黄色小花图案）120cm，DMC25号刺绣线（土黄绿色640）400cm
■蓝色
直径2mm的利伯蒂印花绳（蓝色小花图案）120cm，DMC25号刺绣线（紫色3041）400cm
※使用钩针5/0号、钳子

■尺寸
全长约20cm（含调节链）

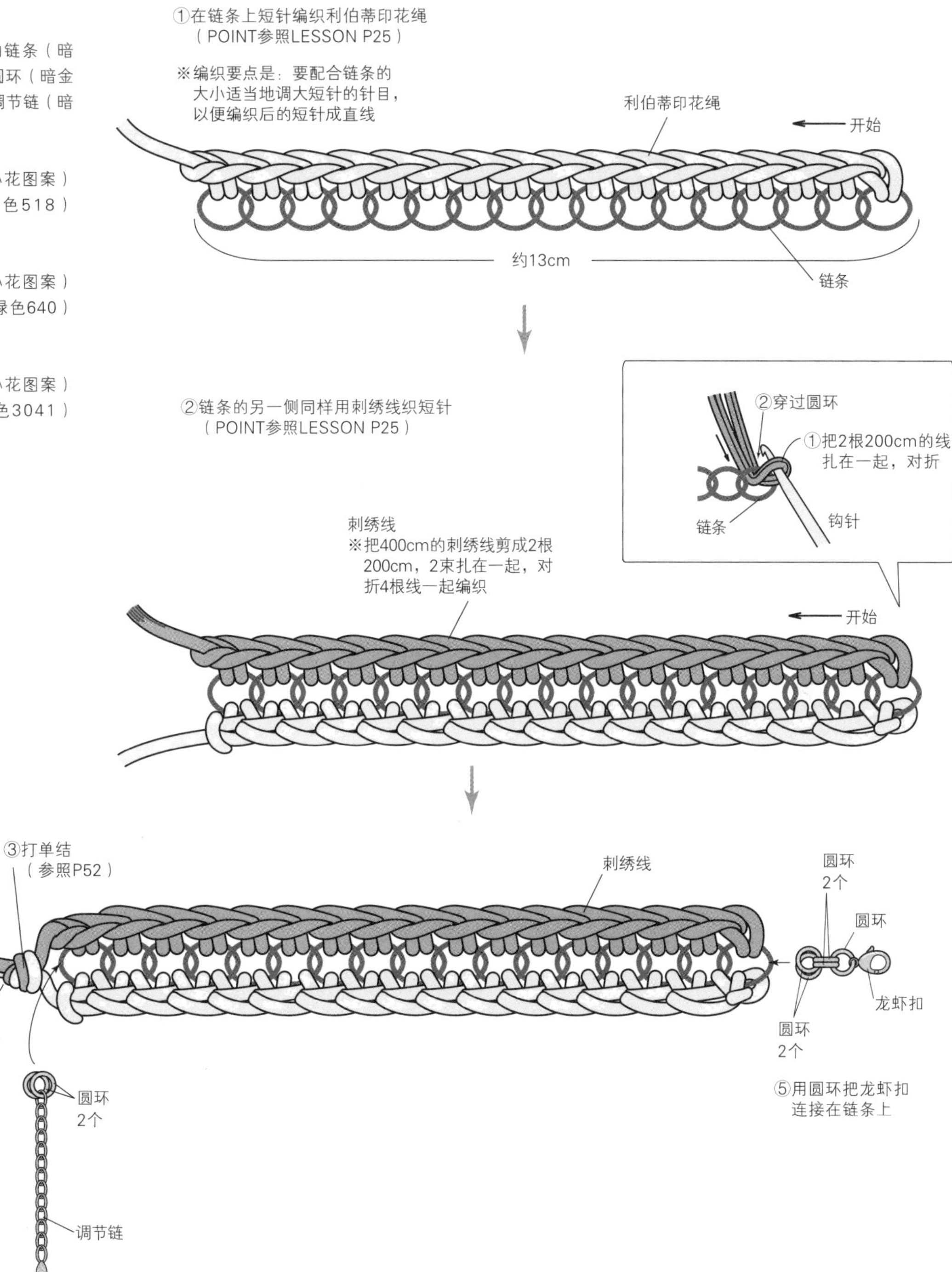

№11 皮绳手链

P20

材料

■通用
孔径约5mm的金属算盘珠（暗金色）1颗
■1
孔径约8mm的金属圆圈（暗金色）3个，直径1.5mm的皮绳牛奶白色（503）120m、浅棕色（502）120cm、深红色（505）80cm
■2
直径1.5mm的皮绳蓝色（512）240m、牛奶白色（502）80cm
■3
孔径约8mm的金属圆圈（暗金色）3个，直径1.5mm的皮绳深绿色（506）120m、浅棕色（502）120cm、深红色（505）80cm
■4
直径1.5mm的皮绳黑色（509）320m

■成品尺寸
全长约24cm（男士）/21cm（女士）

1. 制作手链绳

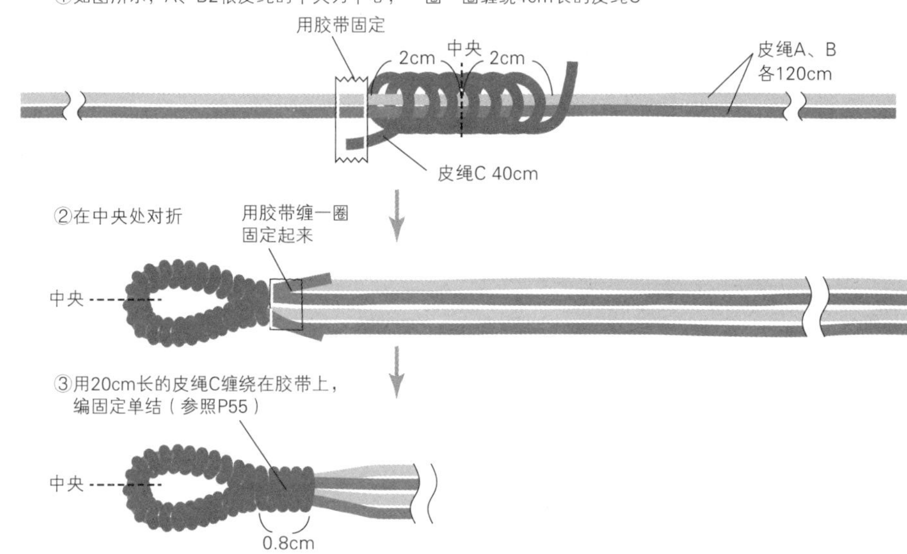

2. 编四股辫（参照下述）

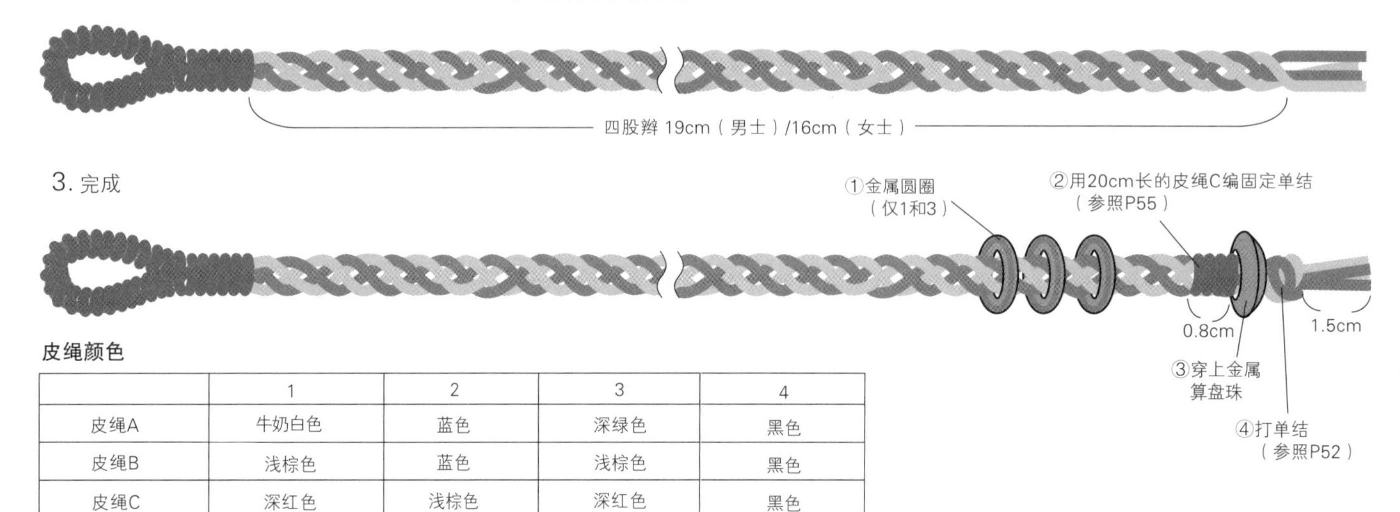

皮绳颜色

	1	2	3	4
皮绳A	牛奶白色	蓝色	深绿色	黑色
皮绳B	浅棕色	蓝色	浅棕色	黑色
皮绳C	深红色	浅棕色	深红色	黑色

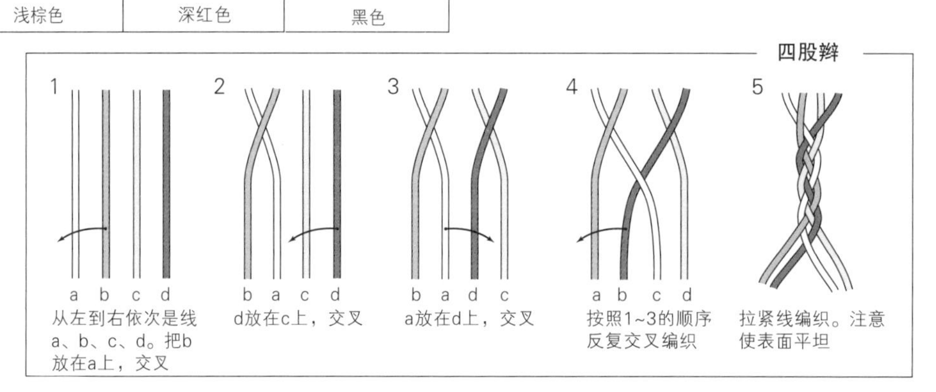

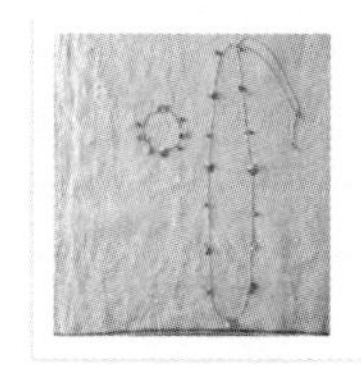

№ 14

利伯蒂闪亮饰片手链和长项链

P33

材料

■长项链

小串珠（透明黄色）7颗，直径6mm的圆形捷克串珠（透明浅蓝色）7颗，5mm的多切面捷克串珠（古铜色）8颗，柠檬形天然石切面纽扣（亮黄色）3颗，天然石4切面圆珠（浅黄色）4颗，利伯蒂闪亮饰片（防水涂层）约10cm×5cm，0.5mm×20mm的T字针（金色）29根，直径3mm的圆环（金色）17个，龙虾扣（金色）1个，细链条（金色）100cm，调节链（金色）5.5cm

■手链

小串珠（透明黄色）3颗，直径6mm的圆形捷克串珠（透明浅蓝色）3颗，5mm的多切面捷克串珠（古铜色）4颗，柠檬形天然石切面纽扣（亮黄色）1颗，天然石4切面圆珠（浅黄色）2颗，利伯蒂闪亮饰片（防水涂层）约10cm×3cm，0.5mm×20mm的T字针（金色）13根，直径3mm的圆环（金色）12个，手链扣（金色）1对，细链条（金色）30cm

※使用直径9mm的冲子、小锤子、小锥子、尖嘴钳、平嘴钳、钳子

■成品尺寸

项链　全长约100cm

手链　全长约17cm

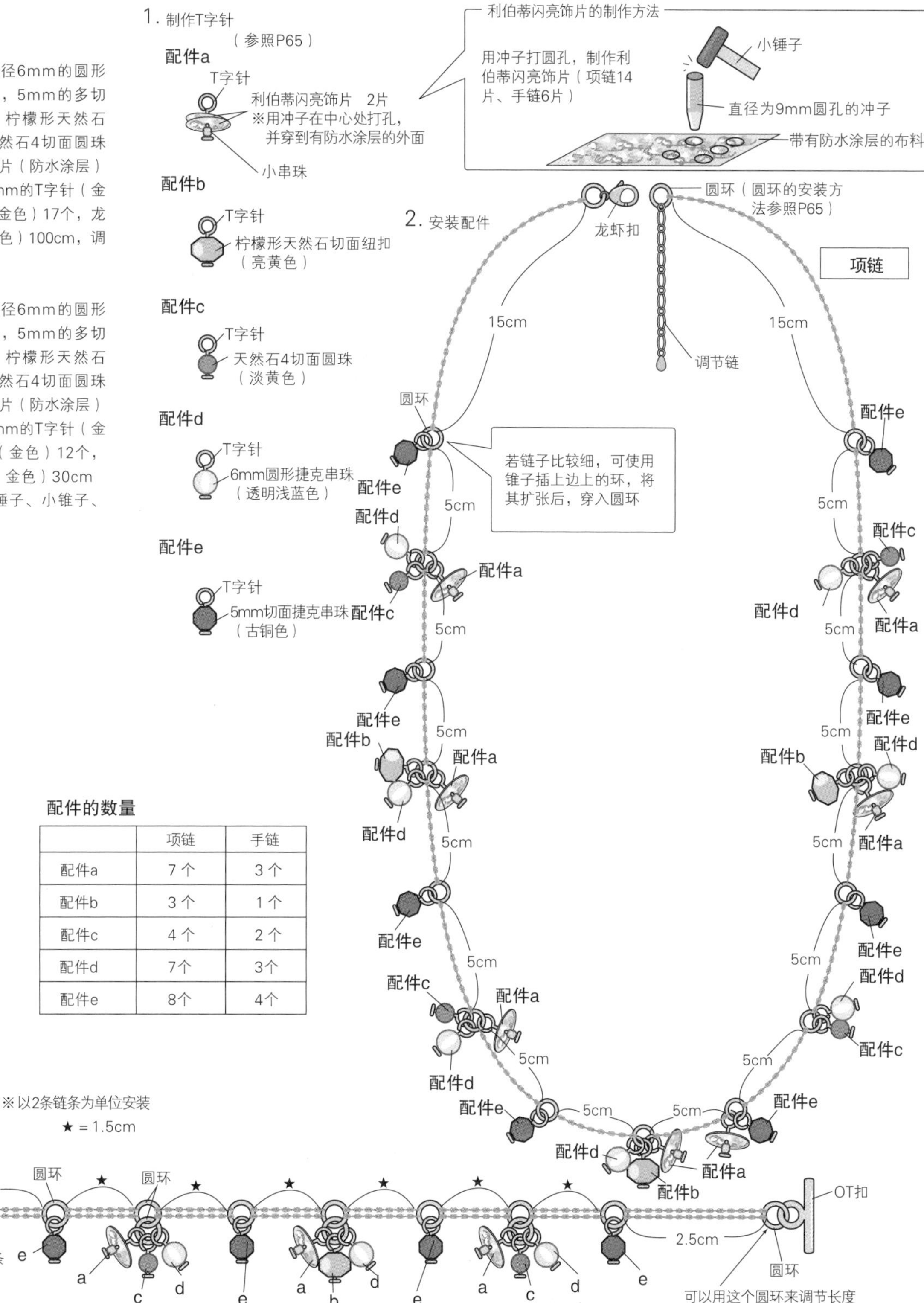

配件的数量

	项链	手链
配件a	7个	3个
配件b	3个	1个
配件c	4个	2个
配件d	7个	3个
配件e	8个	4个

No 12

异国情调的流苏手链和项链

P29

材料

■项链

小串珠（深湖蓝色）204颗，直径4mm的圆形捷克串珠（深古铜色）45颗、（深褐色）50颗，5mm的捷克串珠（透明金色）24颗，8mm的扁平圆形捷克串珠（透明大理石蓝色）12颗、（红色条纹）21颗，金属配件 百宝箱形（暗金色）6个，金属圆形薄片（暗金色）2个，0.8mm×4.5mm的圆环（暗金色）10个，包线扣（暗金色）4个，龙虾扣（暗金色）1个，调节链（暗金色）5cm，蕾丝线（金色）20m，DMC25号刺绣线红色（347）40cm、蓝色（798）40cm

■手链

小串珠（深湖蓝色）67颗，直径4mm的圆形捷克串珠（深古铜色）20颗、（深褐色）20颗，直径6mm的圆形捷克串珠（透明金色）8颗，金色配件百宝箱形（暗金色）4个，0.7mm×3.5mm的圆环（暗金色）3个，1.2mm×8mm的圆环（暗金色）1个，龙虾扣（暗金色）1个，包线扣（暗金色）2个，蕾丝线（金色）11m，DMC25号刺绣线红色（347）20cm、蓝色（798）20cm

※使用串珠针，钩针5/0号、尖嘴钳、平嘴钳

■成品尺寸

项链 全长约95cm（不包含调节链）

手链 全长约27cm（能绕手腕3圈）

项链

1. 把小串珠穿到蕾丝线上

①参照右图，用串珠针把小串珠全部穿到蕾丝线上

※小串珠4颗用于包线扣上

※插图为了便于观看，画的是一根线。实际上是2根线一起穿串珠

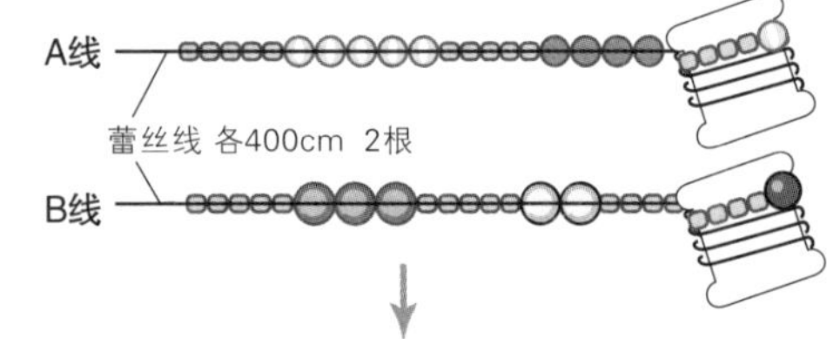

②把小串珠一颗一颗地送进去，织锁针

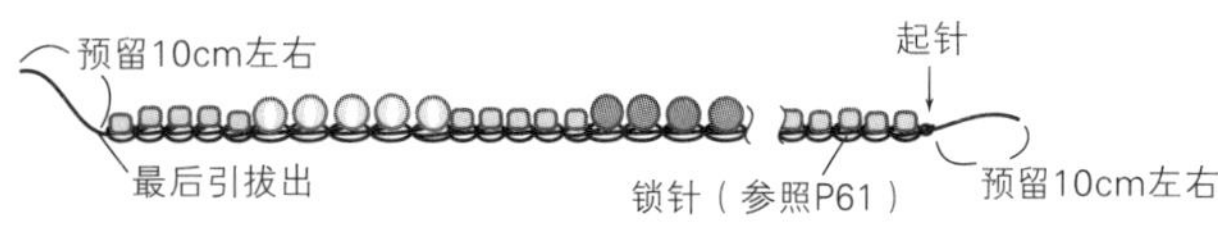

2. 把A线和B线连在一起制作完成

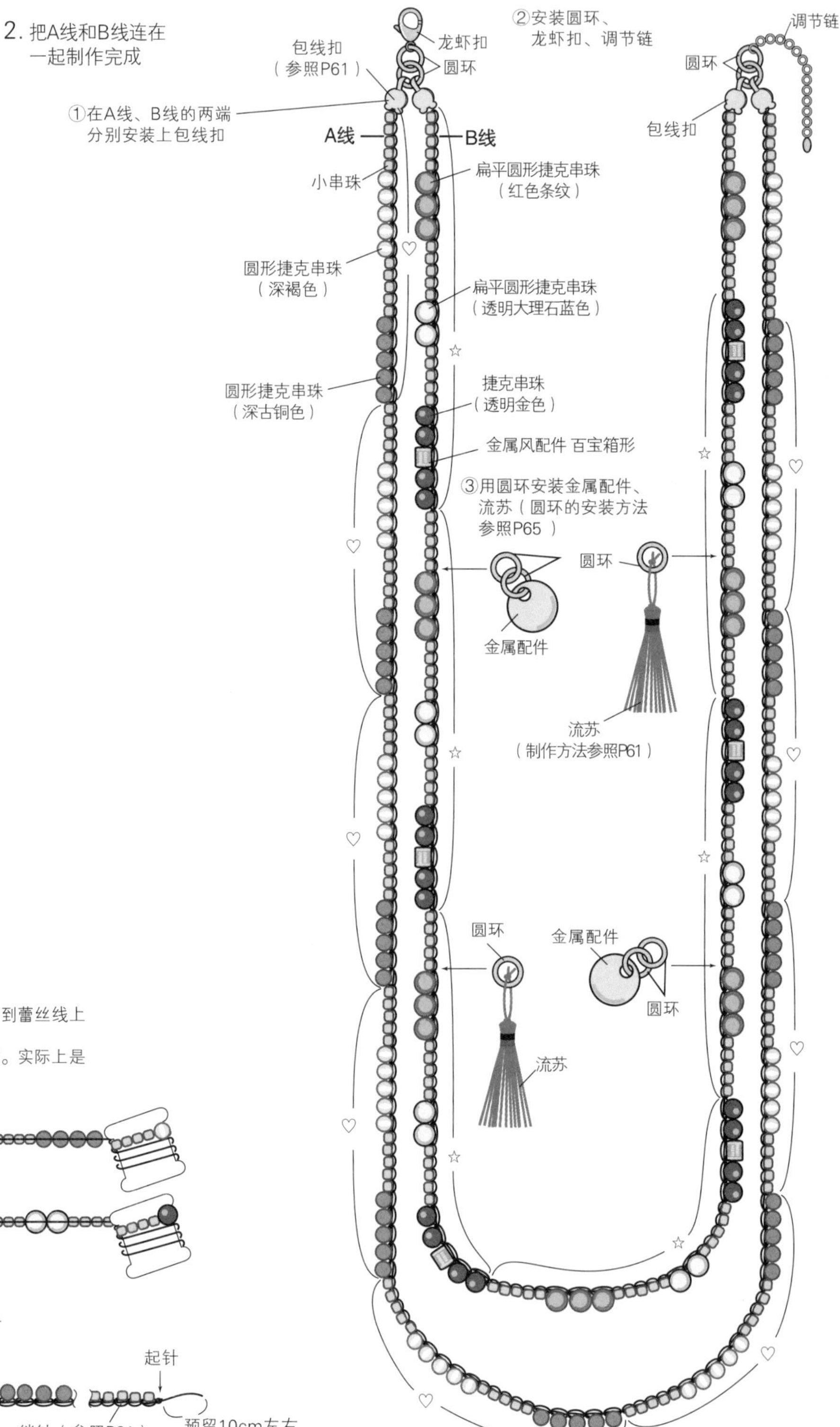

手链 在蕾丝线460cm2根（2根一起）上按照下图所示穿小串珠、参照P60的项链来制作

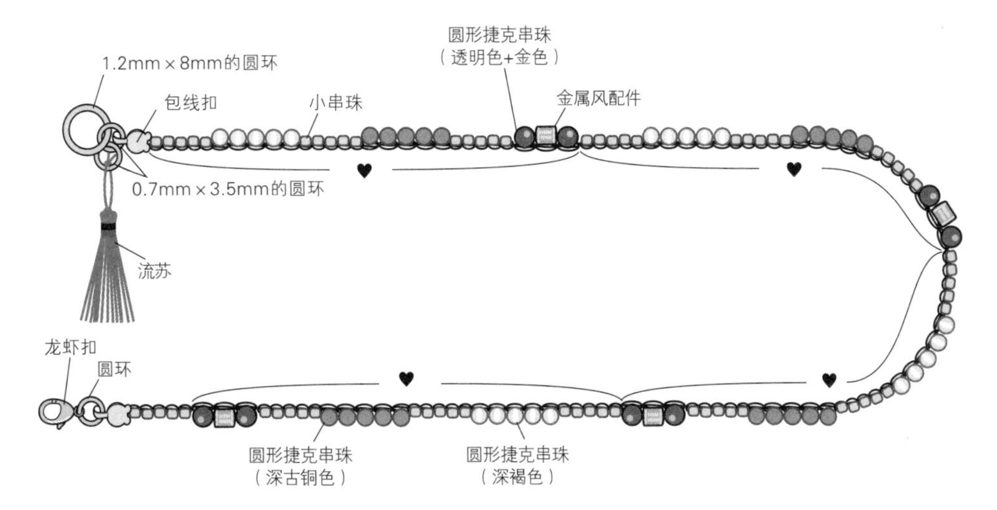

锁针

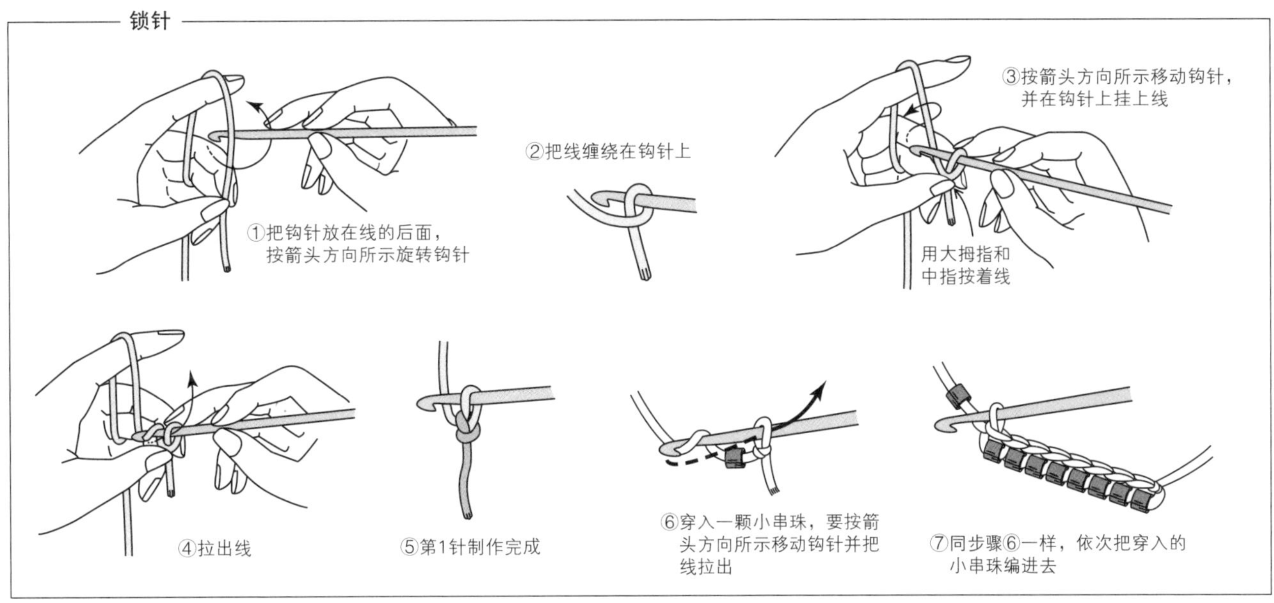

流苏的制作方法

※详细请参照P48的POINT LESSON

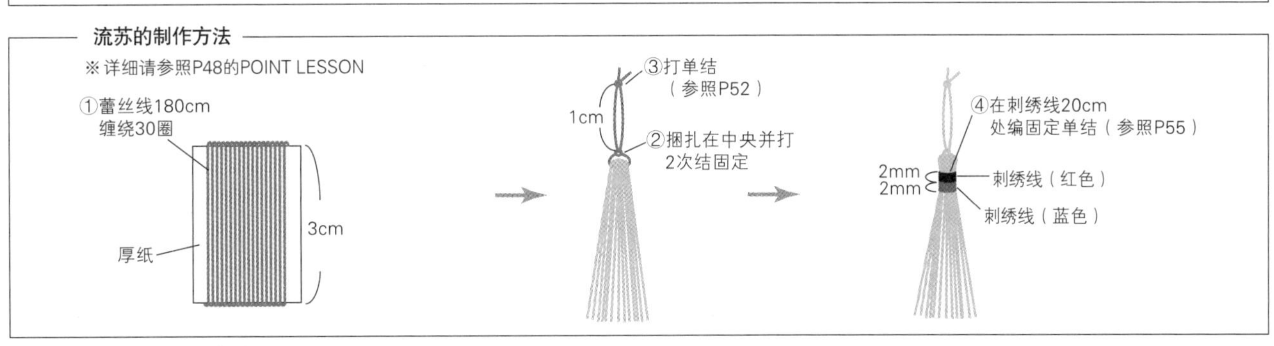

包线扣的使用方法

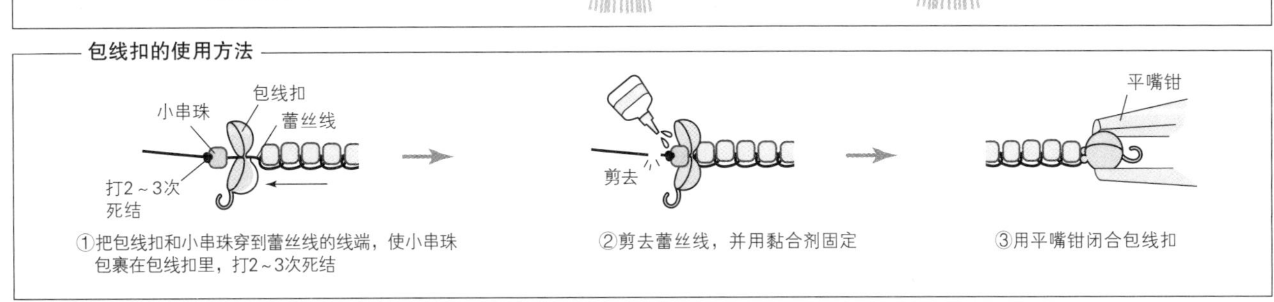

Nº 13

淡水珍珠手链和带流苏的玫瑰念珠项链

P30

材料

■项链 通用
金属配件（暗金色）5mm×4mm壶形配件2个，2mm×6mm的面包圈形（暗金色）1个，直径3.5cm的圆环（暗金色）23个，链条（暗金色）65cm，艺术风金属丝26号（金色）180cm

■项链：绿色
12mm的十字架形天然石（白绿色）1颗，8mm的切面球形天然石（灰绿色）1颗，4mm的椭圆形淡水珍珠（浅绿色）15颗，5mm的米粒形淡水珍珠（淡橘色）10颗，DMC25号线浅绿色（3817）210cm、银绿色（647）200cm

■项链：粉色
15mm的十字架形天然石（粉红色）1个，10mm×14mm的椭圆形灰色月长石（灰白色）1个，4.5mm×5mm米粒形淡水珍珠（茶褐色）15颗、椭圆形淡水珍珠（香槟绿色）10颗，DMC25号刺绣线象牙白色（543）210cm、银绿色（647）200cm
※使用尖嘴钳、平嘴钳、钳子

■手链 通用
5mm×4mm金属壶形配件（暗金色）1个，直径12mm的圆环配饰（暗金色）1个，0.6mm×20mm的9字针（暗金色）1根，0.5mm×20mm的T字针（暗金色）2根，0.8mm×4.5mm的圆环（暗金色）7个，手链扣（暗金色）1对，包扣（暗金色）2个，小串珠（深咖啡色）2颗，串珠专用线或者手链专用线50cm

■手链：绿色
十字架形天然石（白绿色）1颗，2.5mm的米粒形淡水珍珠（浅绿色）24颗，5mm的米粒形淡水珍珠（浅橘色）1颗，4mm 椭圆形淡水珍珠（浅绿色）1颗

■手链：粉红色
十字架形天然石（粉红色）1颗，5mm的米粒形淡水珍珠（浅橘色）1颗，5mm×6mm的米粒形淡水珍珠（白色）34颗，4.5mm×5mm的椭圆形淡水珍珠（浅蓝色）1颗
※使用串珠针、尖嘴钳、平嘴钳、钳子

■成品尺寸
项链 全长约85cm
手链 全长约17cm

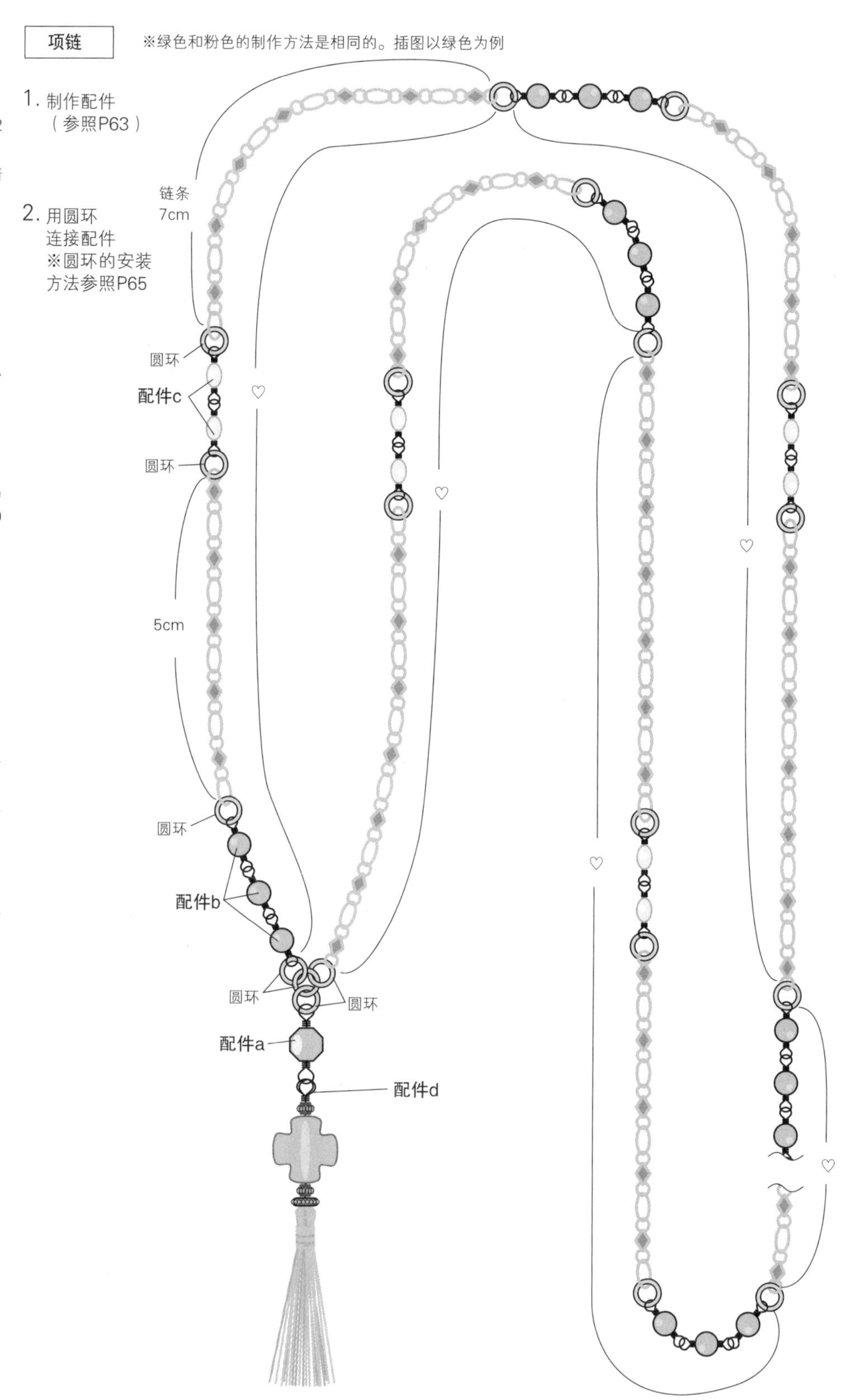

项链配件的制作方法

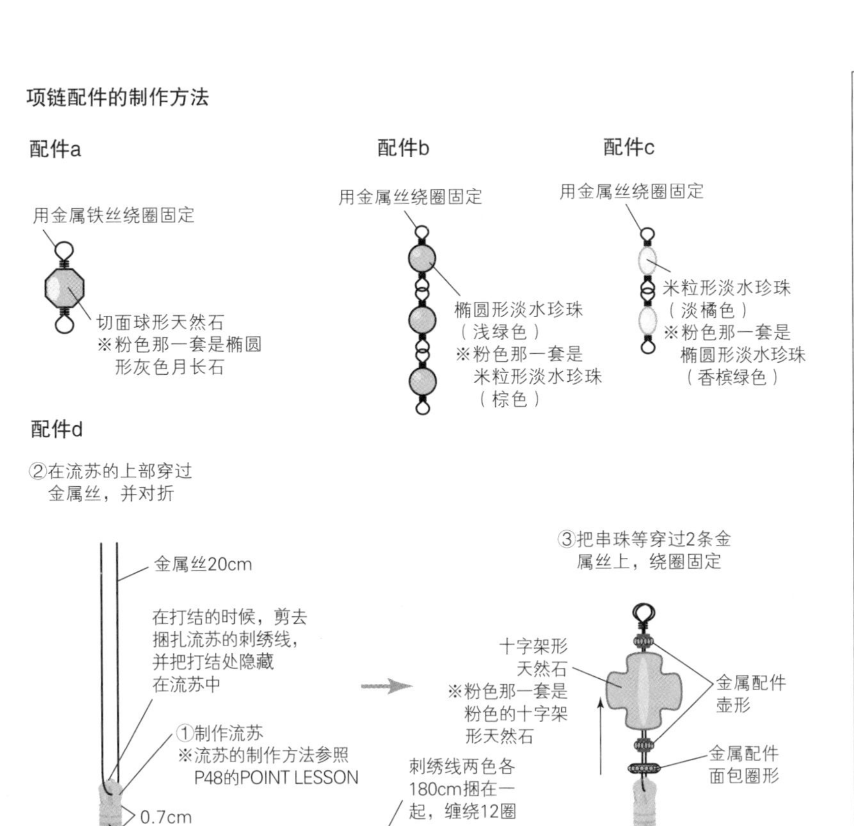

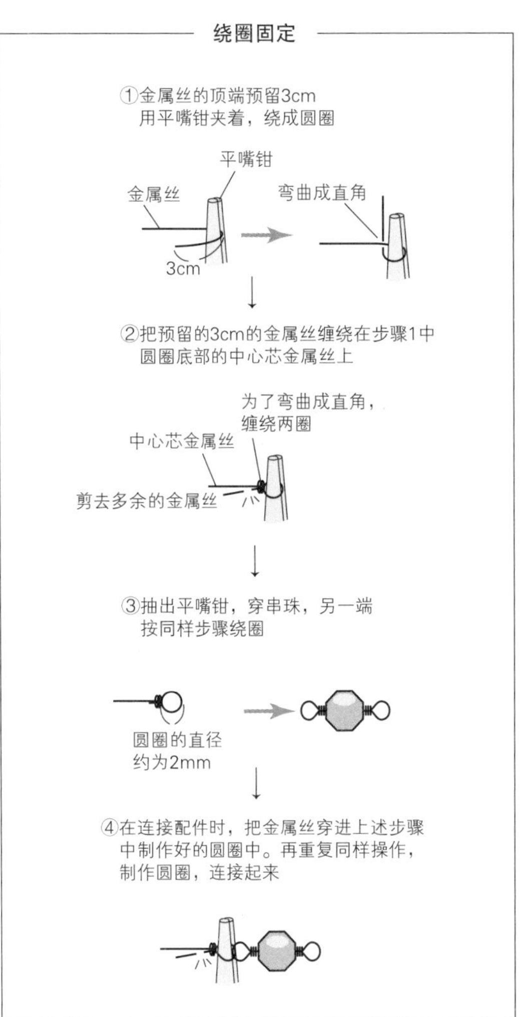

手链 ※绿色和粉色的制作方法是相同的。插图以绿色为例

1. 制作T字针（参照P65）

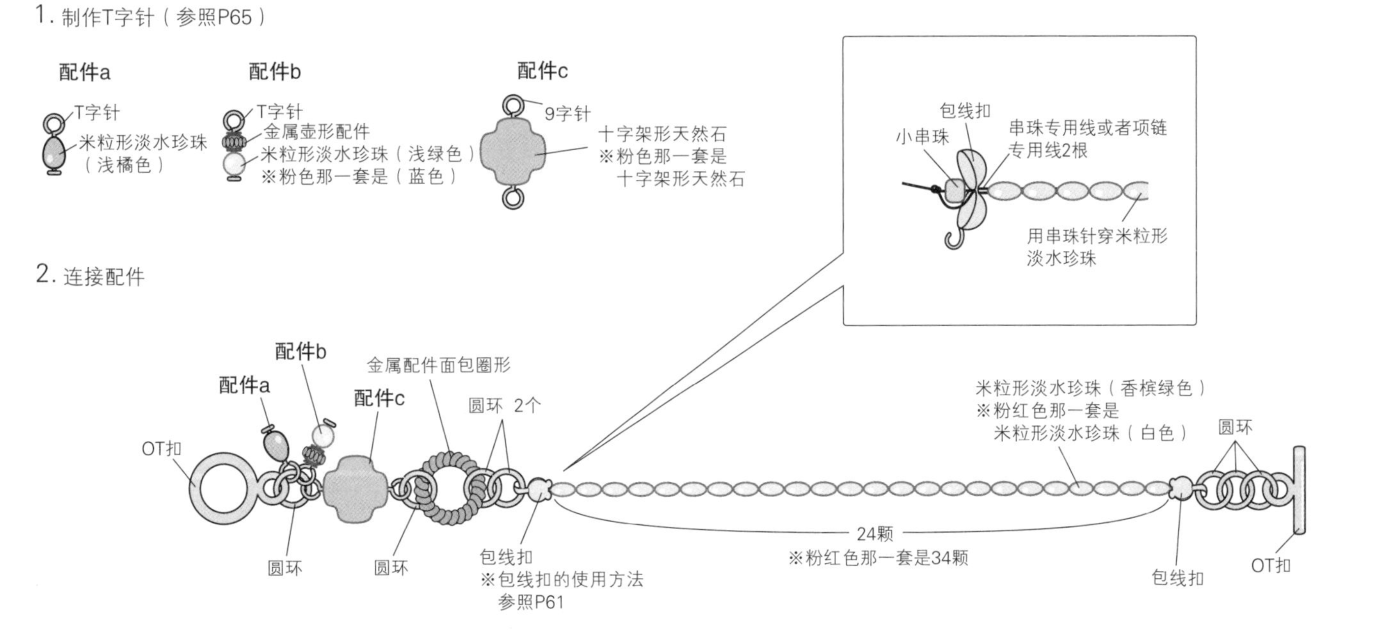

№ 15

海之纹手链、耳环、项链

P35

材料

■项链

3mm×5mm的面包圈形捷克串珠（铜色+水鸭蓝色）3颗，直径6mm的圆形捷克串珠（蒙大拿蓝色）2颗、木桶形捷克串珠（铜色+蒙大拿蓝色）2颗，12mm的三角形捷克串珠（卡普里岛蓝色）2颗，18mm×12mm的椭圆形切面捷克串珠（卡普里岛蓝色）6颗，5mm的圆形绿松石（绿松石色）3颗，0.6mm×20mm的9字针（暗金色）12根，0.7mm×30mm的9字针（暗金色）1根，0.7mm×25mm的T字针（暗金色）5根，1.9cm×2.5cm的扭纹C形环（暗金色）1个，0.8mm×6mm的圆环（暗金色）22个，直径2mm的绳带（黑色）100cm

■手链

3mm×5mm的面包圈形捷克串珠（铜色+水鸭蓝色）5颗，6mm的木桶形捷克串珠（铜色+蒙大拿蓝色）2颗，12mm的三角形捷克串珠（卡普里岛蓝色）2颗，18mm×12mm的椭圆形切面捷克串珠（卡普里岛蓝色）4颗，4mm的圆形绿松石（绿松石色）5颗，0.6mm×20mm的9字针（暗金色）4根，0.7mm×30mm的9字针（暗金色）4根，0.6mm×20mm的T字针（暗金色）10根，0.8mm×4.5mm的圆环（暗金色）13个，手链扣（暗金色）1对

■耳环

3mm×5mm的面包圈形捷克串珠（铜色+水鸭蓝色）2颗，直径6mm的圆形捷克串珠（蒙大拿蓝色）2颗，木桶形捷克串珠（铜色+蒙大拿蓝色）2颗，12mm的三角形捷克串珠（卡普里岛蓝色）2颗，18mm×12mm的椭圆形切面捷克串珠（卡普里岛蓝色）2颗，4mm的圆形绿松石（绿松石色）4颗，0.6mm×20mm的9字针（暗金色）4根，0.7mm×30mm的9字针（暗金色）2根，0.6mm×20mm的T字针（暗金色）6根，直径13mm的扭纹圆环（暗金色）2个，0.8mm×4.5mm的圆环（暗金色）6个，耳环挂针（暗金色）1对

※使用尖嘴钳、平嘴钳、部分钳子

■成品尺寸

项链　约9cm（花片部分）

手链　全长约19cm

耳环　全长约7cm

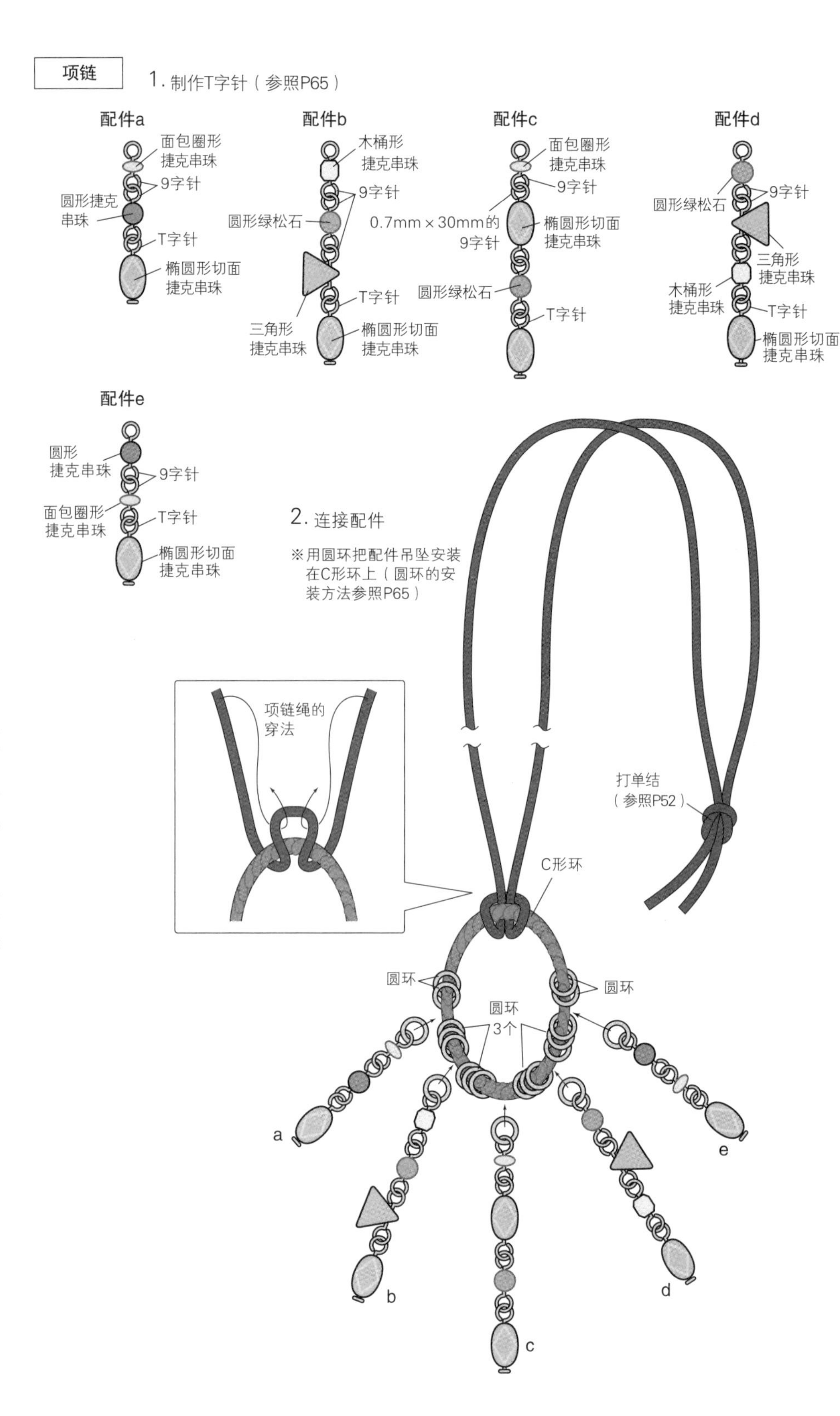

手链、耳环通用

1. 制作T字针（参照右下图）

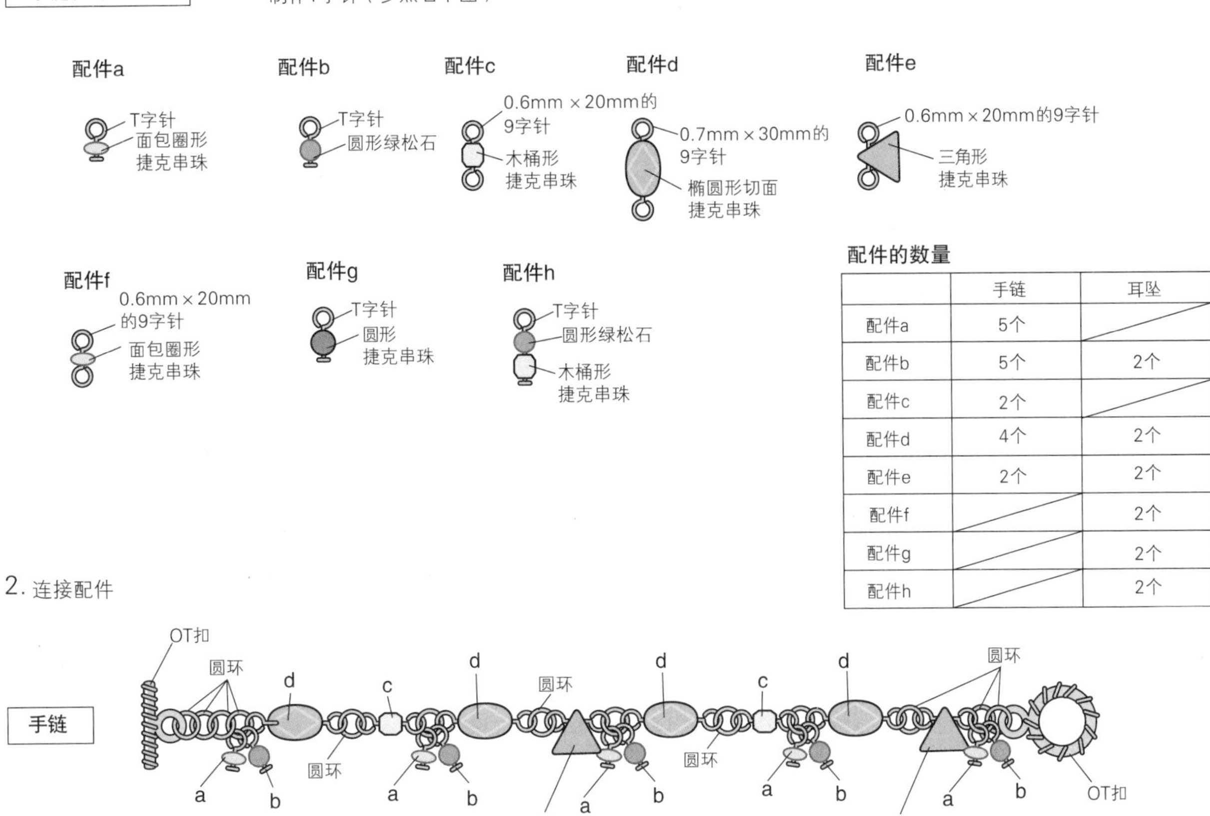

配件的数量

	手链	耳坠
配件a	5个	
配件b	5个	2个
配件c	2个	
配件d	4个	2个
配件e	2个	2个
配件f		2个
配件g		2个
配件h		2个

2. 连接配件

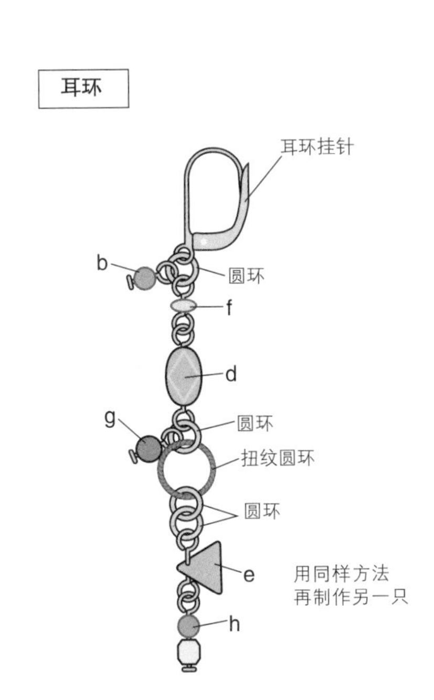

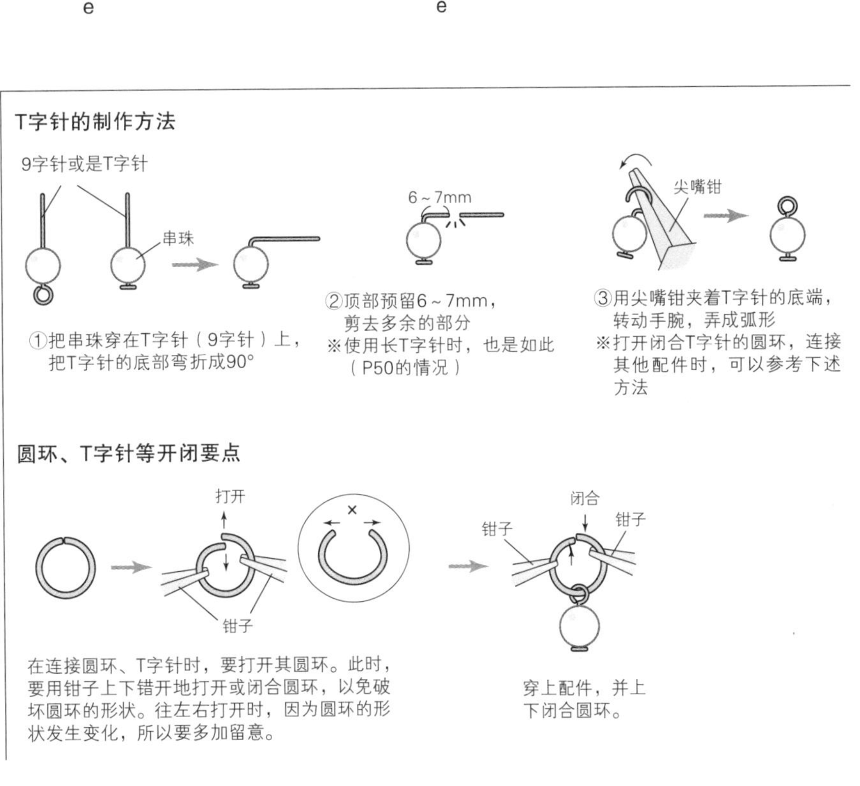

Nº 17

异国情调的皮革手链

P42

材料

■通用

※（　）内是1/2/3的顺序。小串珠的颜色参照下表

直径3mm的圆形施华洛世奇水晶珠（黑色/茶褐色/蓝色）4颗，小串珠a色19颗、b色21颗、C色17颗，5mm的亮片（透明色/古铜色/浅绿色）2个，6mm的亮片（黑色/铜黄色/浅绿色）2个，宽13mm的人造皮绳（金属银色/金属古铜色/金属铜黄色）13cm，宽16mm的罗绸缎带（芥末绿色/粉色/蓝色）13.5cm、宽7mm的三股辫绳子（灰白色/茶褐色/茶褐色）40cm

※使用极细串珠针、缝纫线、黏合剂（或者强力双面胶）

■成品尺寸

全长约40cm

1. 在皮革带上刺绣配件

①在皮革带上画上实物大纸型（下列）的图案

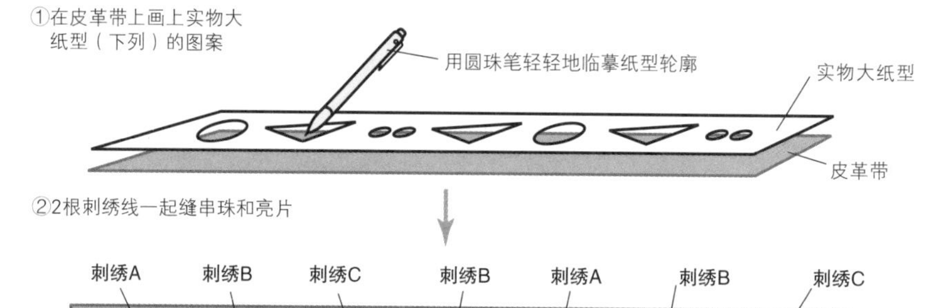

②2根刺绣线一起缝串珠和亮片

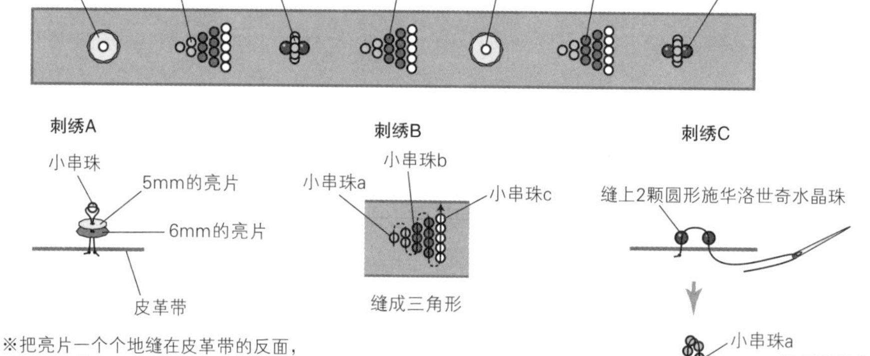

小串珠的颜色

	1	2	3
小串珠a	古董金色	古董金色	铜黄色
小串珠b	黑色	粉色	金属蓝色
小串珠c	象牙色	绿色	象牙色

2. 完成手链的制作

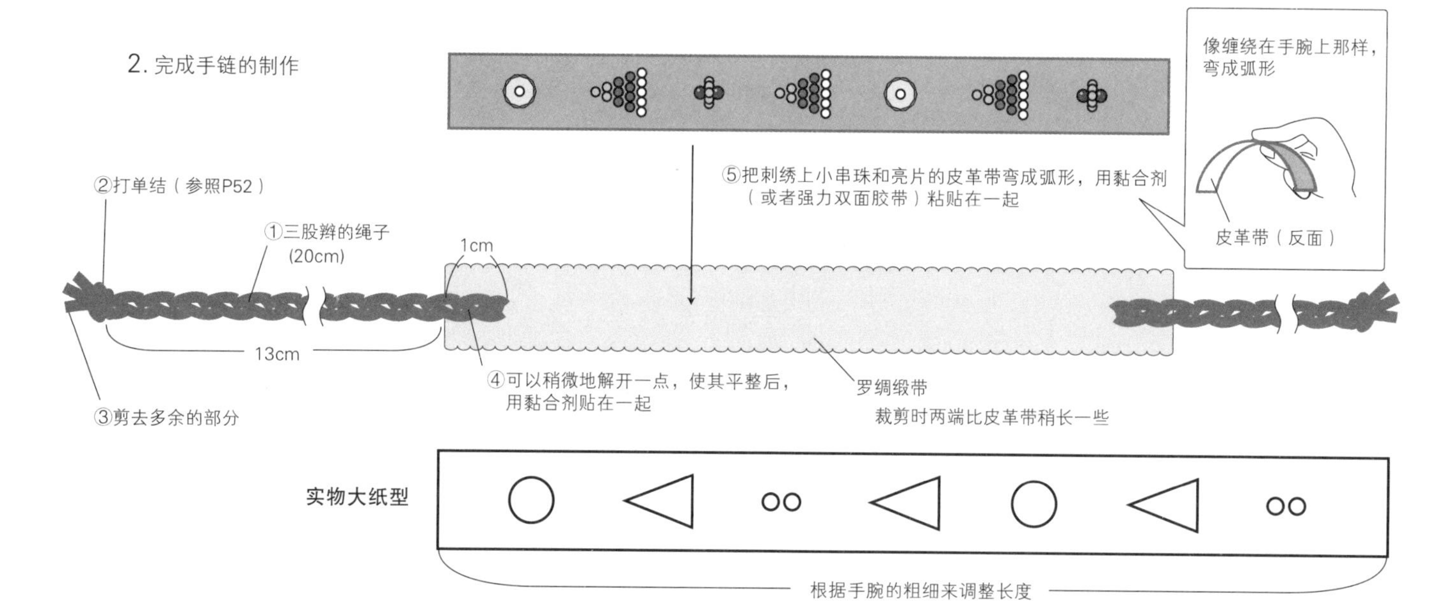

实物大纸型

根据手腕的粗细来调整长度

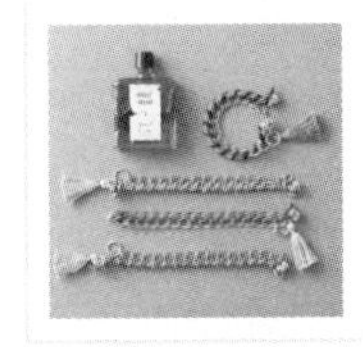

№ 18

带流苏的链条手链

P43

材料

■1~4通用
※（　）内是1/2/3/4的顺序
宽3mm的皮革扁平绳浅粉色（204）、蓝色（206）、芥末绿色（202）、茶褐色（201）各50cm，4mm的拧纹圆绳（金色）30cm，DMC25号刺绣线（浅粉色778/浅蓝色927/芥末绿色3046/茶褐色840）各320cm、金色（E3821）20cm，0.8mm×5mm的圆环（金色）4个，2mm×14mm的圆环（金色）1个，龙虾扣（金色）1个、1个圆环宽1.3cm×0.9cm的链条（金色）14.5cm（15个圆环）
※使用平嘴钳、木工用黏合剂、厚纸、剪刀

■成品尺寸
全长约22cm

1. 用皮革扁平绳缠绕拧纹圆绳和链条

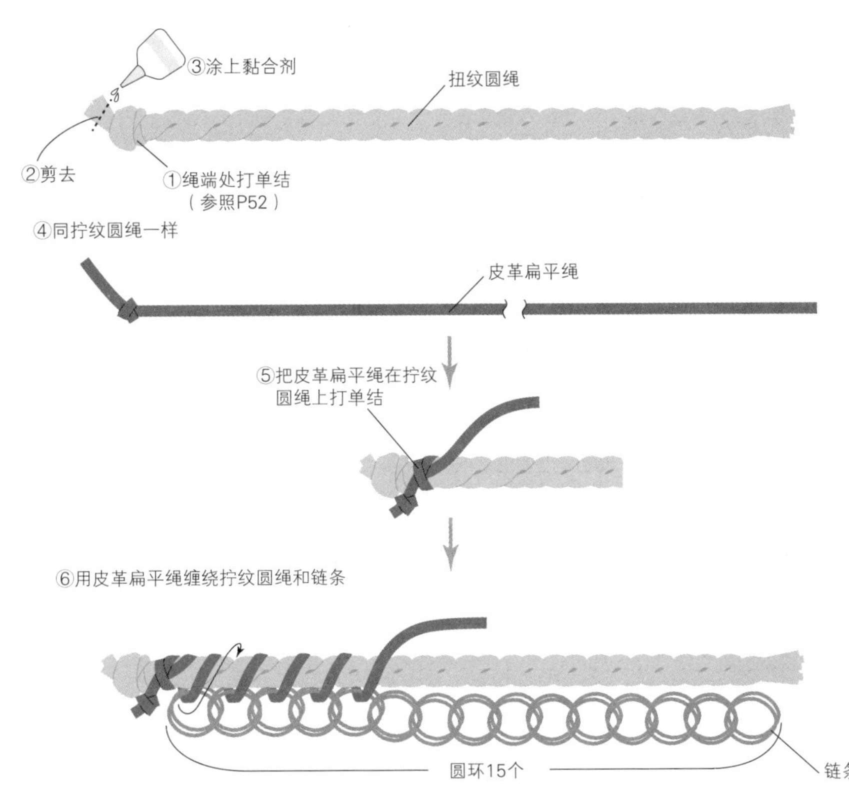

2. 完成手链的制作

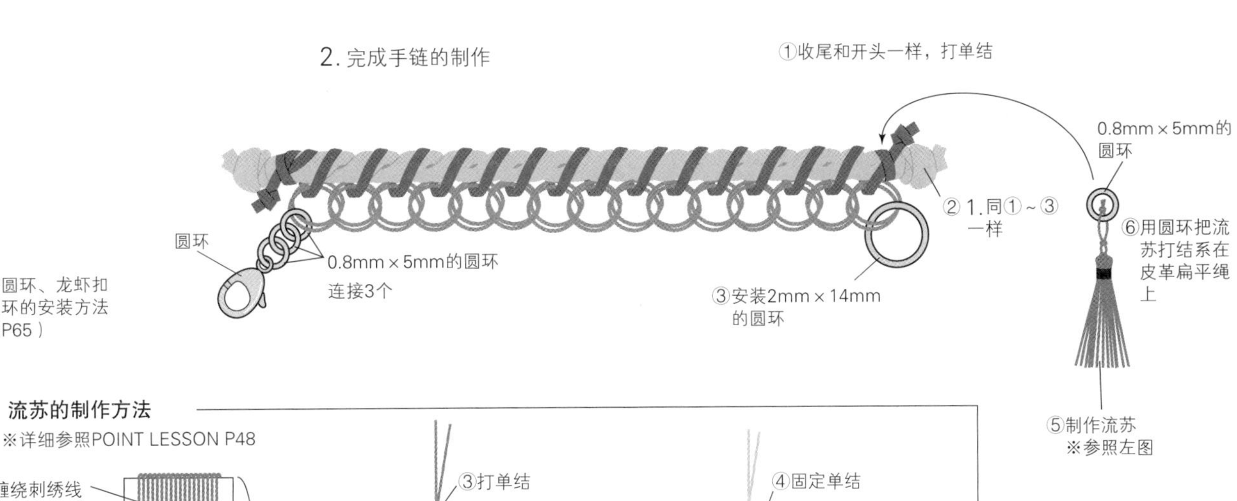

№19

佩斯利漩涡纹花片的成套首饰

P44

材料

■项链

小串珠（绿松石色）60颗、（金属蓝色）60颗、（深蓝色）60颗、（金粉色）60颗、（铜黄色）160颗，金属 水滴状配件（暗金色）4个，扁平圆片（暗金色）5个，菊花小花托（暗金色）5个，0.6mm×20mm的T字针（暗金色）5根，0.7mm×45mm的T字针（暗金色）4根，0.8mm×4.5mm的圆环（暗金色）23个，项链扣（暗金色）1对，链条 细（暗金色）16cm，链条 粗（暗金色）34cm，艺术风金属丝26号（金色）120cm

■垂饰

小串珠（橘色）120颗、（无光泽粉色）120颗、（亮粉色）120颗、（深紫色）60颗、（铜黄色）280颗，0.8mm×4.5mm的圆环（暗金色）4个，0.8mm×6mm的圆环（暗金色）11个，项链扣（暗金色）1对，链条 粗（暗金色）50cm，艺术风金属丝26号（金色）210cm

■手链 通用 ※（ ）内是蓝色/橘色的顺序

小串珠（金属蓝色/橙色）6颗、（绿松石色/无光泽粉色）6颗、（金粉色/亮粉色）6颗、（深蓝色/深紫色）6颗、（铜黄色）60颗，金属扁平圆片（暗金色）2个，菊花小花托（暗金色）2个，0.6mm×20mm的T字针（暗金色）2根，0.7mm×3.5mm的圆环（暗金色）8个，手链扣（暗金色）1对，链条 细（暗金色）16cm，艺术风金属丝28号（金色）80cm

■耳环 通用 ※（ ）内是蓝色/橘色的顺序

小串珠（绿松石色/无光泽粉色）30颗、（金属蓝色/深紫色）30颗、（金粉色/亮粉色）30颗、（深蓝色/橙色）60颗、（铜黄色）230颗，0.8mm×4.5mm的圆环（金色）16个，耳坠挂针1对，艺术风金属丝28号（金色）200cm

※使用尖嘴钳、平嘴钳、钳子

■尺寸

项链 全长约45cm

垂饰 全长约50cm

手链 全长约17cm

耳环 高约4.5cm

项链

1. 制作配件　※配件A、B参照P65。佩斯利漩涡纹C～F花片参照P48

配件A　5个

0.6mm×20mm的T字针
金属扁平圆片
菊花小花托

配件B　4个

0.7mm×45mm的T字针
金属水滴状配件

佩斯利漩涡纹花片C　1个

艺术风金属丝
10个
20个
小串珠（铜黄色）40颗
小串珠（绿松石色）30颗

佩斯利漩涡纹花片D　1个

艺术风金属丝
10个
20个
小串珠（铜黄色）40颗
小串珠（金属蓝色）30颗

佩斯利漩涡纹花片E　1个

艺术风金属丝
10个
20个
小串珠（铜黄色）40颗
小串珠（深蓝色）30颗

佩斯利漩涡纹花片F　1个

艺术风金属丝
10个
20个
小串珠（铜黄色）40颗
小串珠（金粉色）30颗

※佩斯利漩涡纹花片的尺寸全部是大

2. 连接配件

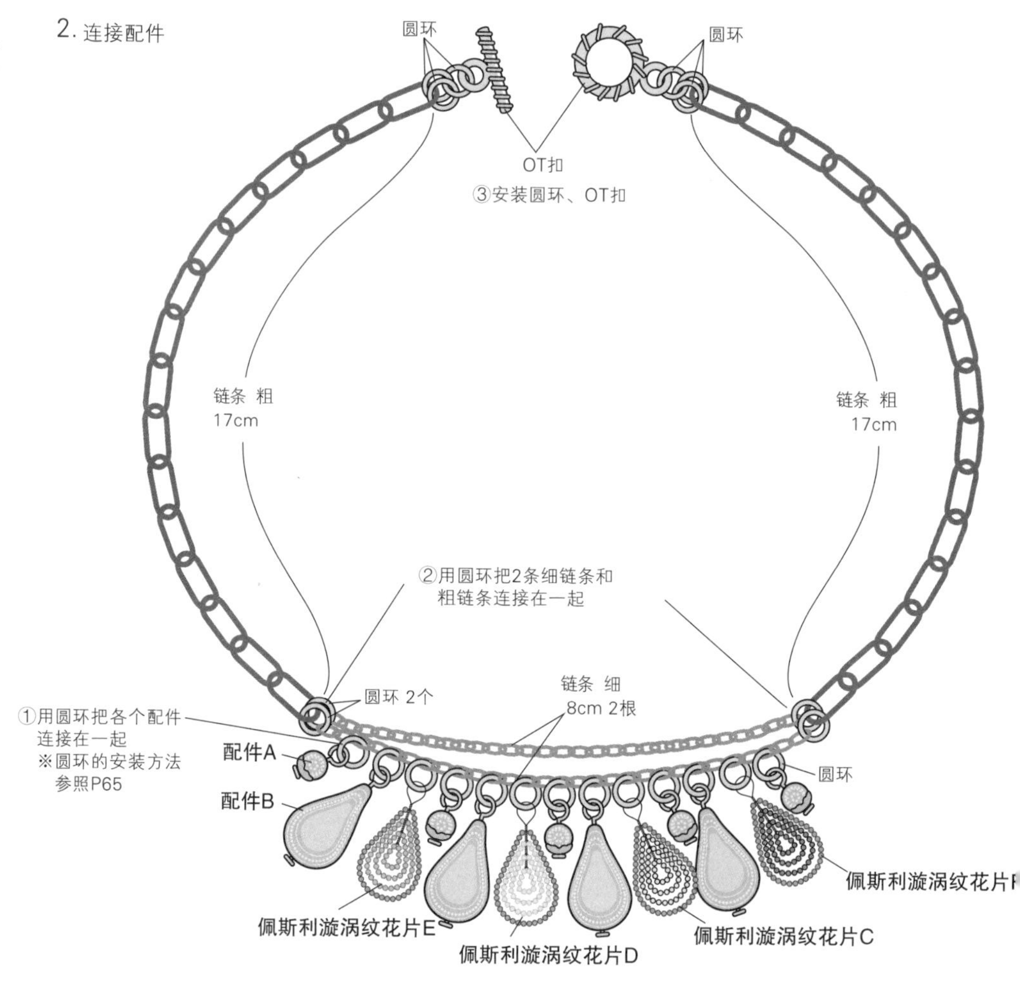

垂饰

1. 制作配件
（参照POINT LESSON P48）

※佩斯利漩涡纹花片的尺寸全部是大

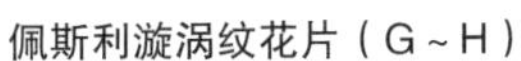

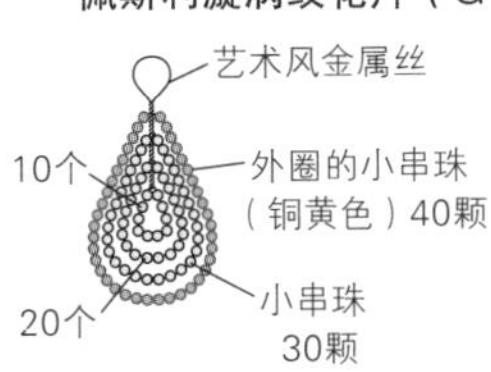

小串珠的颜色和花片的数量

	颜色	数量
G	橙色	2颗
H	无光泽粉色	2颗
J	亮粉色	2颗
K	深紫色	1颗

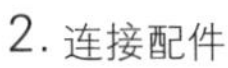

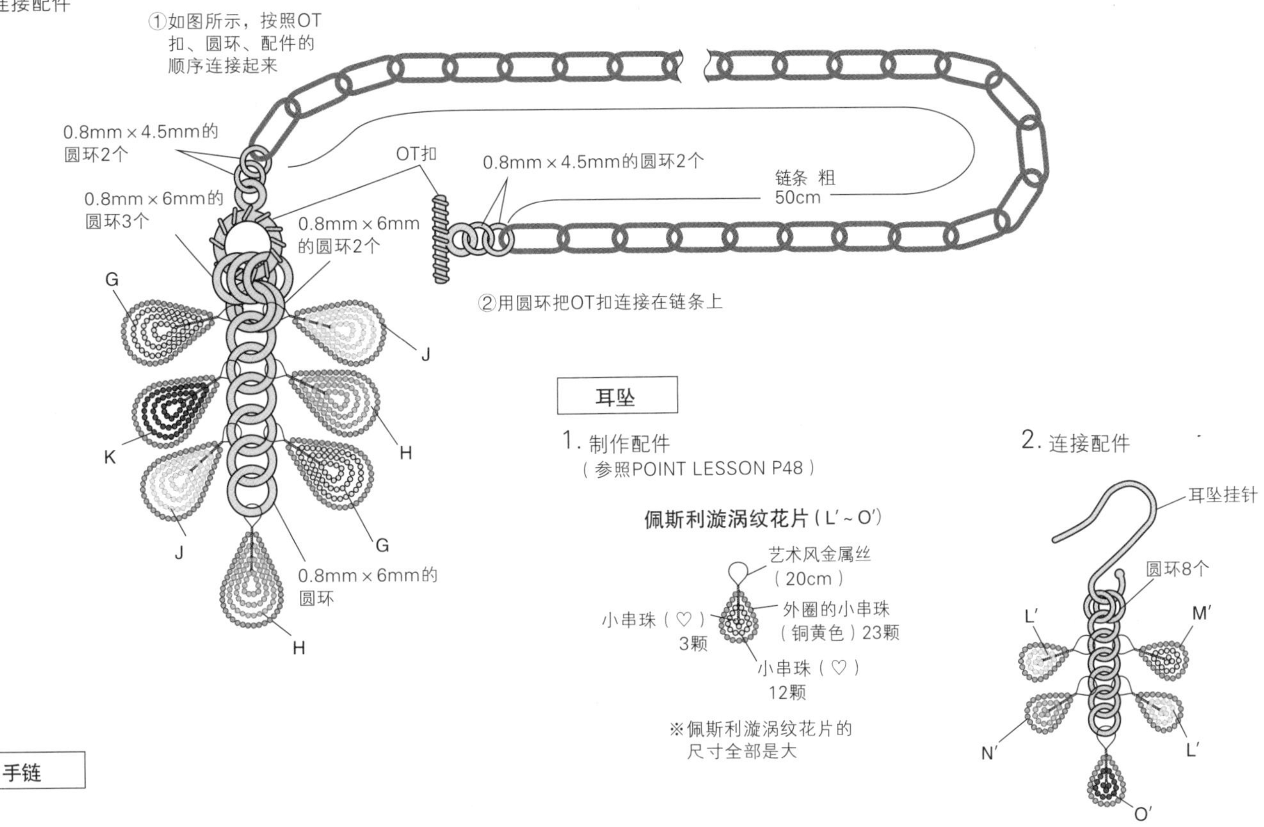

耳坠

1. 制作配件
（参照POINT LESSON P48）

佩斯利漩涡纹花片（L'～O'）

艺术风金属丝
（20cm）
外圈的小串珠
（铜黄色）23颗
小串珠（♡）
3颗
小串珠（♡）
12颗

※佩斯利漩涡纹花片的尺寸全部是大

2. 连接配件

耳坠挂针
圆环8个
L'
M'
N'
L'
O'

手链

1. 制作配件
（参照POINT LESSON P48）

配件（L～O） 各1个

艺术风金属丝
（20cm）
外周的小串珠
（铜黄色）15颗
小串珠（☆）
6颗

※佩斯利漩涡纹花片的尺寸全部是小

小串珠（☆）的颜色

	蓝色	橘色
配件L	深蓝色	橘色
配件M	绿松石色	无光泽粉色
配件N	金属粉色	亮粉色
配件O	金属蓝色	深紫色

小串珠（♡）的颜色

	蓝色	橘色
L'	深蓝色	橘色
M'	绿松石色	无光泽粉色
N'	金属粉色	亮粉色
O'	金属蓝色	深紫色

2. 连接配件

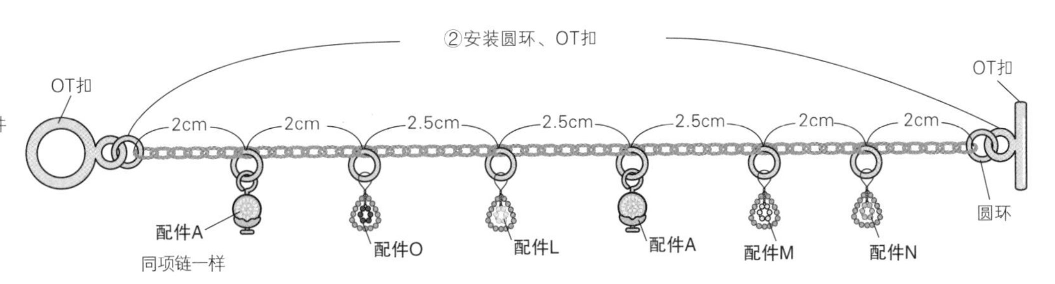

№ 20

海军风的手链、项链、耳坠

P46

材料

■项链

直径6mm的圆形磨面珍珠（海军深蓝色）50颗，4mm×6mm的枣形切面捷克串珠（粉笔白色）40颗，4mm的人造宝石130号（水晶串珠、外裹铜锡锌合金）10cm（宝石16个），链条接扣130号（铑合金）2个，DMC25号刺绣线（紫色791）100cm、蓝色（824）260cm，0.6mm×15mm的T字针（铑合金）40根，0.7mm×4mm的圆环（铑合金）35个，1.2mm×8mm的圆环（铑合金）1个，1个圆环宽1.5cm×0.8cm的链条（铑合金）31cm（30个圆环），包线扣（铑合金）2个，小串珠2颗，龙虾扣（铑合金）1个，2号天蚕丝（透明色）12cm

■手链 通用 ※（ ）内是蓝色/黄色的顺序

4mm的人造宝石130号（水晶串珠、外裹铜锡锌合金）15cm（宝石14个），项链扣130号（铑合金）2个，DMC25号刺绣线蓝色（824）、海军深蓝色（823）、紫色（791）、黄色（3820）、橘黄色（165）、灰黄色（3046）各100cm，0.7mm×4mm的圆环（铑合金）4个，1.2mm×8mm的圆环（铑合金）1个，包线扣（铑合金）1个

■耳坠

4mm×6mm的枣形切面捷克串珠（粉笔白色）10颗，0.6mm×15mm的T字针（铑合金）10根，0.7mm×4mm的圆环（铑合金）12个，每个圆环的尺寸为1.5cm×0.8cm的链条（铑合金）2cm（2个圆环），耳坠挂针1对

※使用尖嘴钳、平嘴钳、钳子、刺绣针、木工用黏合剂

■尺寸

项链 全长约45cm

手链 全长约18cm

耳坠 高约3.5cm（仅吊坠部分）

项链

1. 制作中央部分

①在人造宝石的边端处安装上链条接扣

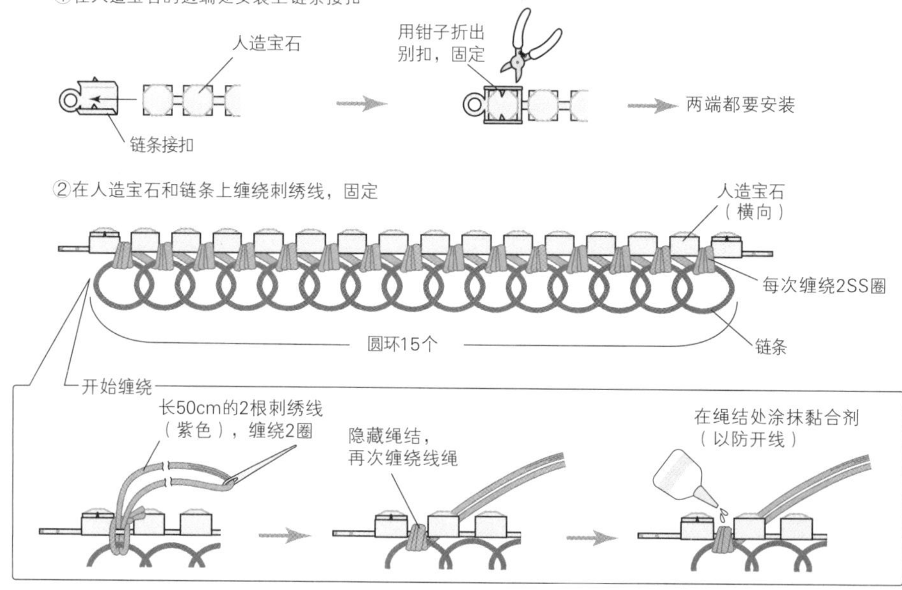

③同样，另一条链条上，长130cm的2根刺绣线（蓝色），缠绕2圈

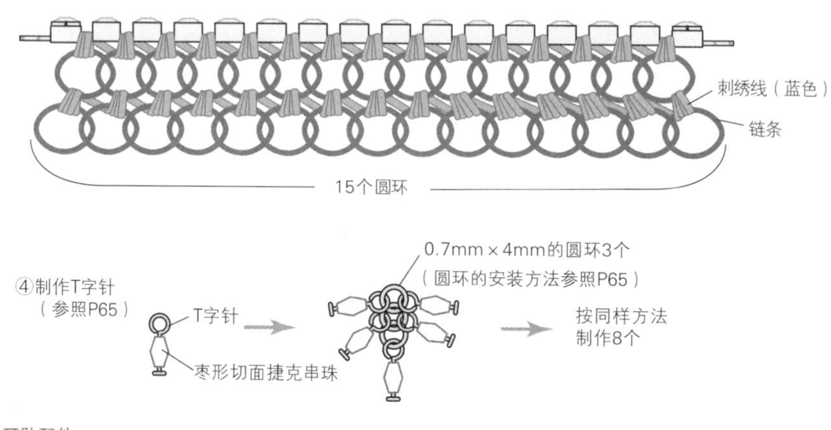

耳坠

⑤制作耳坠配件

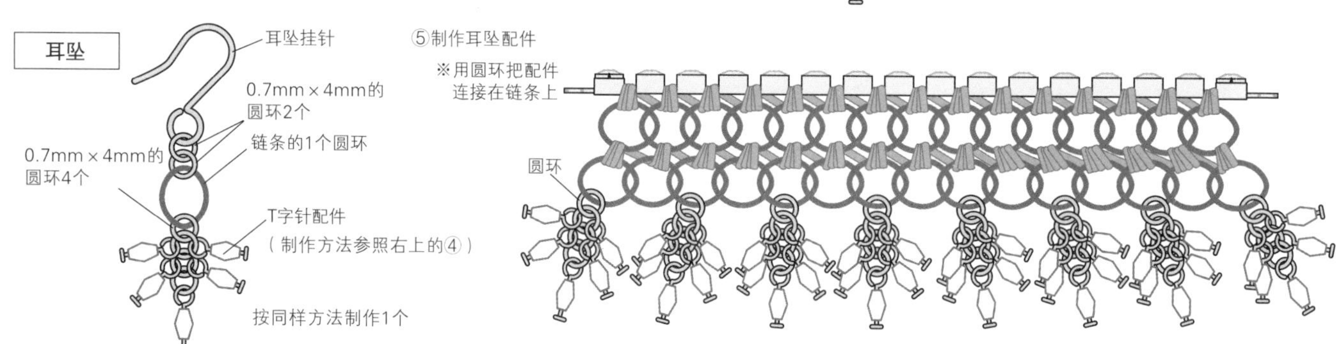

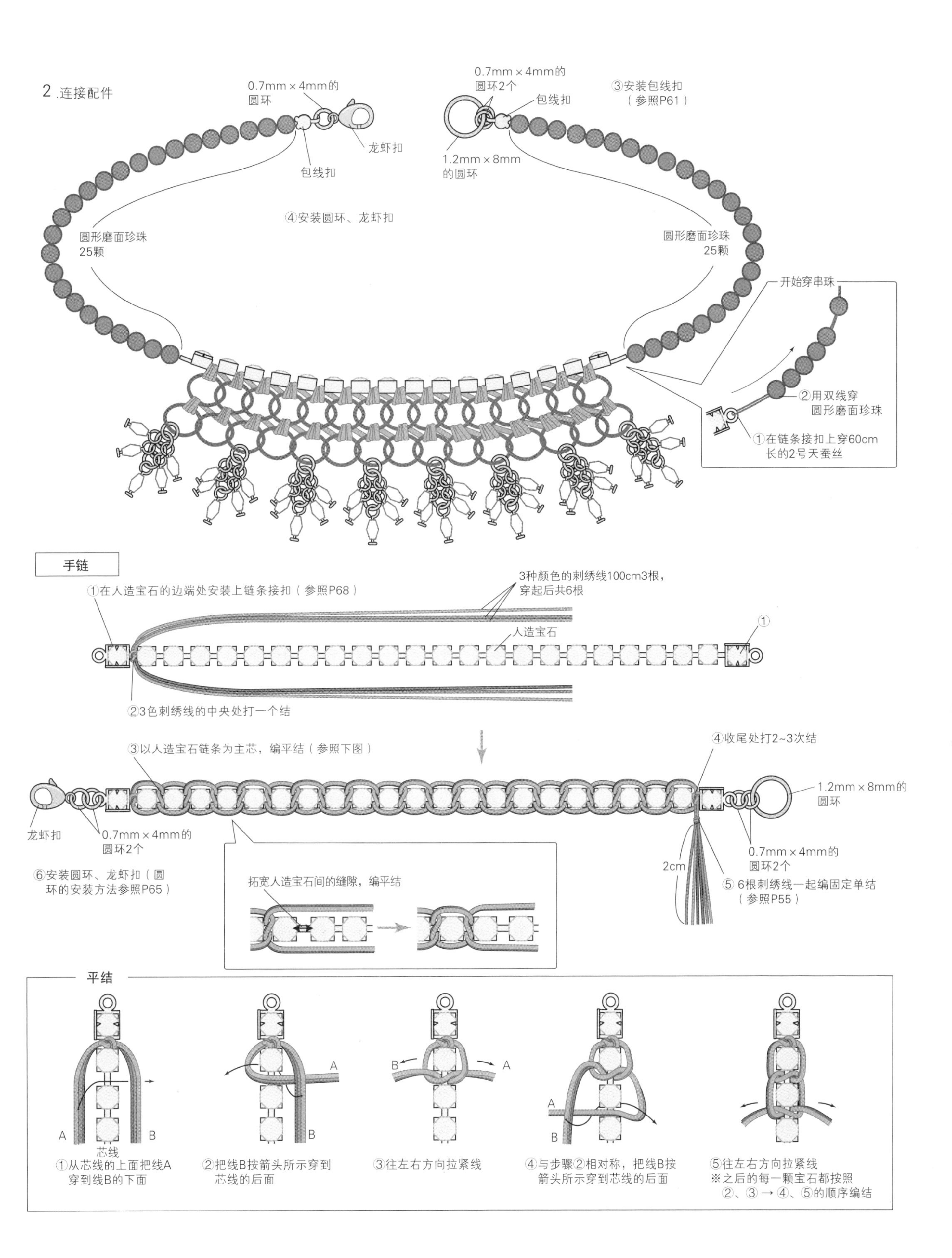
2.连接配件
0.7mm×4mm的
圆环
龙虾扣
包线扣
0.7mm×4mm的
圆环2个
包线扣
③安装包线扣
（参照P61）
1.2mm×8mm
的圆环
④安装圆环、龙虾扣
圆形磨面珍珠
25颗
圆形磨面珍珠
25颗
开始穿串珠
②用双线穿
圆形磨面珍珠
①在链条接扣上穿60cm
长的2号天蚕丝
手链
①在人造宝石的边端处安装上链条接扣（参照P68）
3种颜色的刺绣线100cm3根，
穿起后共6根
人造宝石
①
②3色刺绣线的中央处打一个结
③以人造宝石链条为主芯，编平结（参照下图）
④收尾处打2~3次结
1.2mm×8mm的
圆环
龙虾扣
0.7mm×4mm的
圆环2个
0.7mm×4mm的
圆环2个
⑥安装圆环、龙虾扣（圆
环的安装方法参照P65）
2cm
⑤ 6根刺绣线一起编固定单结
（参照P55）
拓宽人造宝石间的缝隙，编平结
平结
A
B
芯线
①从芯线的上面把线A
穿到线B的下面
A
B
②把线B按箭头所示穿到
芯线的后面
B
A
③往左右方向拉紧线
A
B
④与步骤②相对称，把线B按
箭头所示穿到芯线的后面
⑤往左右方向拉紧线
※之后的每一颗宝石都按照
②、③→④、⑤的顺序编结

图书在版编目（CIP）数据

时尚串珠手链编织 /（日）阪本敬子著；陈新译. —郑州：河南科学技术出版社，2015. 7（2019.9重印）
ISBN 978-7-5349-7834-0

Ⅰ. ①时… Ⅱ. ①阪… ②陈… Ⅲ. ①手工艺品-制作 Ⅳ. ①TS973.5

中国版本图书馆CIP数据核字（2015）第137223号

出版发行：河南科学技术出版社
地址：郑州市郑东新区祥盛街27号 邮编：450016
电话：（0371）65737028 65788613
网址：www.hnstp.cn
策划编辑：刘 欣
责任编辑：刘 瑞
责任校对：耿宝文
封面设计：张 伟
责任印制：张艳芳
印 刷：郑州新海岸电脑彩色制印有限公司
经 销：全国新华书店
开 本：889 mm × 1194 mm 1/16 印张：4.5 字数：110千字
版 次：2015年7月第1版 2019年9月第5次印刷
定 价：36.00元

如发现印、装质量问题，影响阅读，请与出版社联系并调换。